Binnenschepen & werkboten zoals ze waren

Kort verslag van een onderzoek

Maurice Kaak

Inhoudstafel

Inleiding

Toen de 14-jarige Maurice besloot als hulpje te gaan werken op de scheepswerf van Jules Poschet aan de Tweemontstraat in Merksem, kon niemand vermoeden dat die beslissing de rest van zijn leven zou bepalen en hij zou uitgroeien tot de specialist in de houten scheepsbouw in Vlaanderen van de 18e tot de 20e eeuw. Op die werf zette hij zijn eerste stappen in de bouw van houten werkboten. Arthur Poschet was de werfbaas, zijn broer Jules Poschet maakte Maurice wegwijs op de werf en zorgde voor een degelijke opleiding die vijf jaar duurde. Hij leerde er tevens lijnen- en constructieplannen tekenen. In zijn vrije tijd mat hij schepen op en bezocht hij archieven en werven in binnen- en buitenland.

Die kennis koppelde hij aan een vlotte pen en werkte mee aan de publicatie van zijn opgemeten werkboten in de nautische tijdschriften *Spiegel der Zeilvaart, De Steenschuit* en *Ruimschoots*.

Onderhavig boek, *Binnenschepen en werkboten zoals ze waren*, geeft een overzicht van talrijke vaartuigen die op de binnenwateren in onze contreien, Noord-Frankrijk en Nederland voorkwamen. Een duidelijke toelichting bij het oude scheepsjargon en de vaktaal voor de verschillende onderdelen van binnenschepen vind je terug in zijn boek *Vlaamse & Brabantse binnenschepen uit de 18e & 19e eeuw. Vergeten vaktaal en oude constructies*, eveneens uitgegeven door de deputatie van de provincie Oost-Vlaanderen.

Dit boek sluit naadloos bij laatstgenoemde studie aan. Meer nog, het brengt voor het eerst een helder geschiedkundig en technisch correct overzicht van de verschillende binnenschepen en werkboten die van het einde van de 18e eeuw tot het begin van de 20e eeuw in Vlaanderen en Nederland op de binnenwateren actief waren.

De typische kenmerken van de schepen en boten en de functie waarvoor ze werden ingezet, worden deskundig toegelicht en gevisualiseerd aan de hand van een duidelijke tekening. Je maakt kennis met beerotters, bovenschepen van de Dender, gaffelschuiten, palingboten, walenboten, schippersjollen, ponten, vliegers, heemers, Groningse sloepen, Hollandse boten, Friese wildschieters, doesburgers, barquettes, escutes, bacôves, vletschouwen, baquets de Charleroi, schokkers en zovele andere scheeps- en boottypes.

Bovendien wordt inzicht geboden in de genese van bepaalde boottypes, aangepast aan de specifieke functie waarvoor ze werden vervaardigd en rekening houdend met de karakteristieke geografische en hydrografische omstandigheden waarin ze werden ingezet.

Wil je een idee hebben hoe de schepen er in werkelijkheid uitzagen, dan moet je beslist de scheepsmodellen gaan bekijken op de provinciale erfgoedsite Scheepswerven Baasrode. Hier heeft ook de School voor Scheepsmodelbouw onderdak gevonden. Maurice Kaak was jarenlang meester-modelbouwer en stond de modelbouwers elke zaterdag met raad en daad bij.

Tot slot nodig ik jullie uit om te grasduinen in dit boek. Het kan een aanzet zijn om andere boeken te raadplegen, waarin de auteurs uitgebreid ingaan op bepaalde scheepstypes. Weet echter dat die specialisten en scheepsbouwers, hoeders van ons nautisch erfgoed, schaars zijn en in feite een knelpuntberoep uitoefenen.

Ook deze publicatie is zonder twijfel een uitzonderlijke bijdrage aan het behoud van de kennis over en de inzichten in de binnenschepen en werkboten die in Vlaanderen en Nederland tijdens de voorbije twee eeuwen actief waren. Ik wens je van harte veel leesgenot toe.

Koen De Vriese
Voorzitter School voor Scheepsmodelbouw

1. Beerotter, 19e eeuw

Enkele jaren nadat de stad Antwerpen in 1862 de verpachting van huisvuil en beer had overgenomen van de private firma Mintjens, werden in 1865 drie nieuwe beerotters besteld bij de scheepswerf Petrus Franciscus Van Damme te Baasrode. De bestekken en de opmetingen uit het archief van de werf zijn zo volledig dat het mogelijk was er een verantwoord scheepsplan van te tekenen.

De schepen hadden een lengte over de stevens van 18,46 m, een breedte op de berghouten van 4,59 m en een diepte in het midden, gemeten van de onderzijde van de gangboordplank tot onder het vlak, van 1,49 m. De beerotter onderscheidt zich van de gewone otter door een laag boord en een geringe diepgang. De geringe diepgang was nodig om de meststof zo ver mogelijk naar de buiten uit te voeren. Langs de oevers van de ondiepe bovenloop van de rivieren en kanalen bevonden zich grote beerputten, waar boeren uit de omgeving en de verdelers zich konden bevoorraden. In de romp van het schip was een waterdichte bak gebouwd die de volledige ruimte besloeg tussen het vooronder en het achteronder. De bak had een inhoud van 715 hl.

De indeling op het dek bestond uit een ankerrol, de toegang tot het vooronder, een strijkbare mast met de voet boven dek en Friese den in de vorm van een zadeldak. In een van de voorste luiken aan bakboordzijde stond een pijp die de beerkuil doorboorde en bedoeld was de ruimte tussen de wrangen te verluchten en, als het nodig was, de weggelekte gier weg te pompen. Onder de vier hoger liggende achterluiken was een bodem aangebracht. Die ruimte heette men een tabernakel. Daar kon de schipper zijn alaam kwijt. Op het achterschot van het tabernakel stond de overloop voor de bediening van de grootzeilschoot. In het schot van het paviljoen, aan de overzijde, bevond zich het toegangsluik en de trap naar het verblijf van de schipper en zijn gezin. Het smalle dekje tussen het achterschot van de den en de voorzijde van het paviljoen heette men de seldervoor.

Het schip was toen nog voorzien van het oude gaffeltuig. Het dankt zijn naam aan de lange schuinhellende gaffel waaraan het zeil was opgehangen. Die lange spier werd zelden gestreken. Het strijken van het zeil gebeurde door het met drie geitouwen aan te rijgen tegen de mast en de gaffel. Die tuigage had twee nadelen. Als de reef bij het toenemen van de wind werd ingenomen, bleef het zeil op dezelfde hoogte hangen, het werd topzwaar, en volledig gereefd met al het doek in de hoogte, was de windvang bij stormweer eveneens onveilig. De schoot van het grootzeil werd niet uitgehouden door een giek. Bij achterlijke wind gebruikte men doorgaans de boothaak om het zeil bak te zetten. De uitrusting van het tuig werd vervolledigd door een stagfok, een kluiver, een topzeil, soms ook vlieger genoemd, en een klein zeiltje op het roer, een bezaantje, blijkbaar een handig ding om kort te draaien.

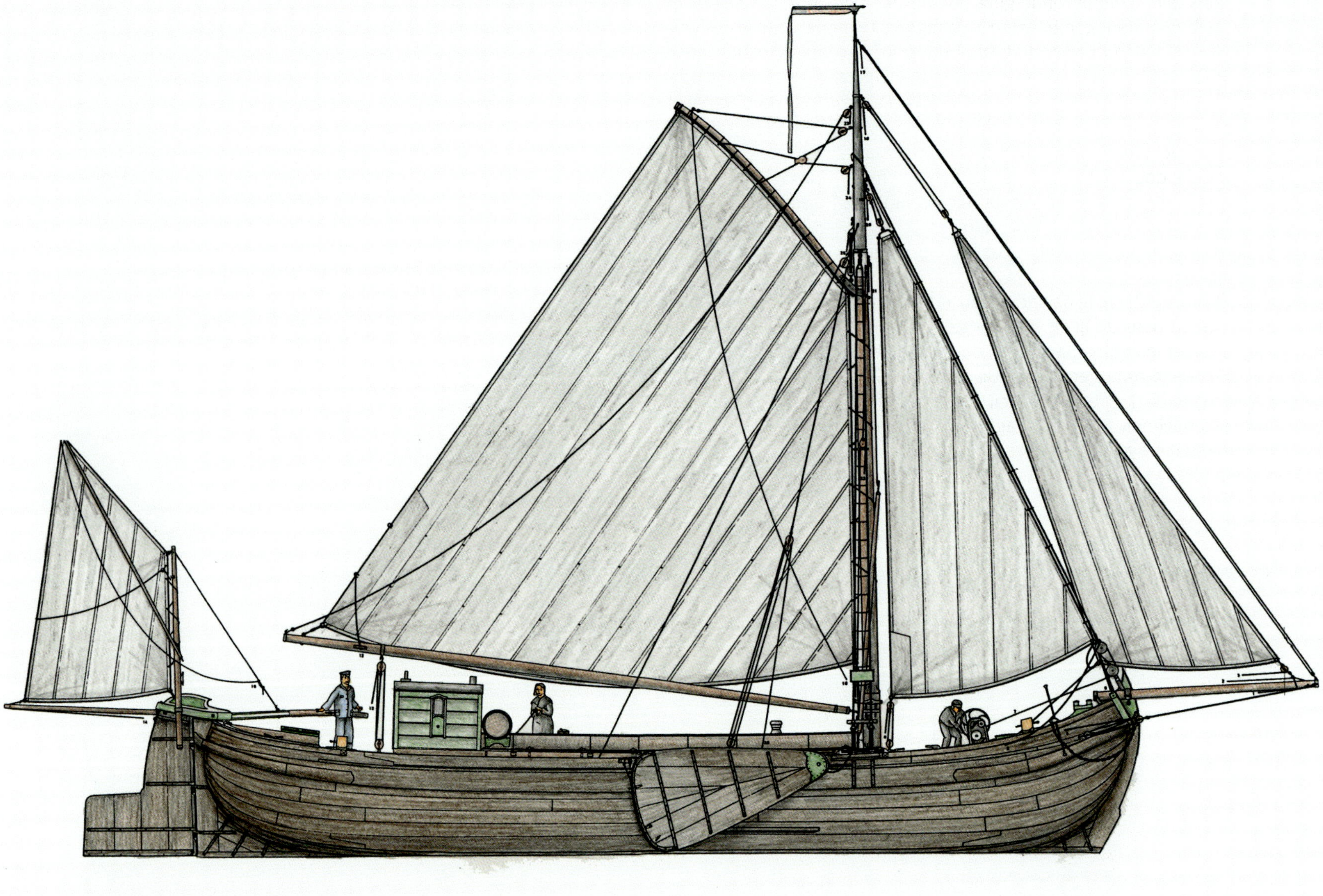

2. Beerotter, rond 1900

Zoals alle schepen onderging ook de beerotter in de loop van de jaren veranderingen en werd hij aangepast aan de eisen en de ontwikkeling eigen aan de tijd. Deze otter is daarvan een treffend voorbeeld. Om te beginnen is hij iets groter. Zijn lengte over de stevens bedraagt 19,70 m, bij een breedte op de berghouten van 4,70 m en een diepte van 1,70 m. De inhoud van de bak is verhoogd. De romp ziet er iets forser uit. Achter de ankerrol staat deze keer een ijzeren lier, die door middel van een ketting de ankerrol aandrijft. Het ophalen van het zware anker door middel van de spaken en het strijken van de mast is nu heel wat handiger. Achteraan zijn de vier halve luiken van het tabernakel opgeofferd voor het plaatsen van een woonroef, een aanvulling van het krappe verblijf in het achteronder. Men begon aandacht te besteden aan iets meer comfort. De roef was ingericht als dagverblijf en voorzien van een kachel, enkele kastjes onder de zijramen en banken tegen de voor- en achterwand. Het zeiltuig is eveneens gemoderniseerd. De mast is verkort en het oude gaffelzeil vervangen door een sloepzeil met korte gaffel en een giek. Het topzeil is verdwenen, maar de stagfok, de kluiver en het bezaantje op het roer blijven gehandhaafd.

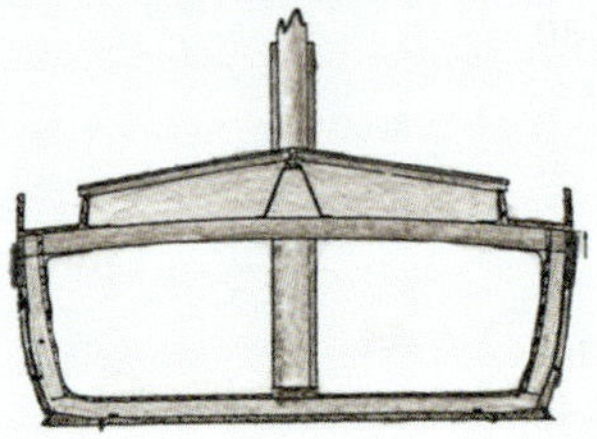

3. Houten motorbeerschip Moervaart, 1912

Het laatste houten beerschip dat de stad Antwerpen in 1912 bestelde bij Cesar Van Damme, de toenmalige beheerder van de houtbouwafdeling van de werf Van Damme Frères & Adam te Baasrode, heeft geen zeilen. Het werd aangedreven door een horizontaal liggende Van Rennespetroleummotor, die op een heel primitieve manier, door middel van riemen, de schroef aandreef en ook voorzag in een verandering van draairichting voor stop en achteruit. Een systeem waarmee men altijd veel last heeft gehad. De meeste schippers waren als de dood om ermee te varen. Vooral de achteruit had de neiging niet betrouwbaar te zijn. Ook het liggende rad van het roer met kettingoverdracht was een steen des aanstoots.

De keuze van de stad Antwerpen een houten motorschip aan te kopen voor het vervoer van beer werd ingegeven door haar slechte ervaring met de twee ijzeren beerotters die ze eertijds in gebruik had genomen. IJzer is minder bestand tegen bijtende stoffen zoals ammoniak en salpeter, en een houten schip met eigen aandrijving leek toen heel vooruitstrevend. Over de stevens gemeten had het een lengte van 25 m en in het midden op de berghouten was de breedte 4,50 m. De profieldoorsnede op de prent is teruggevonden in het archief van de scheepswerf. Tevens is ook het spantenbord van het oorspronkelijke plan ontdekt dat vanzelfsprekend helemaal diende uitgetekend te worden om zich een beeld van de romp te kunnen vormen.

Vooraan is het schip gebouwd als een normaal motorschip, maar achteraan heeft het alle kenmerken van een beerotter. De kont is meer opgetrokken om ruimte te geven aan het kapellengat voor de schroef. Het achteronder maakt nu deel uit van de motorruimte en het verblijf van de schipper is verhuisd naar de voorpiek, toegankelijk via een hoge kap op de voorplecht. Een verbetering in hygiënisch vlak zijn de dubbele schotten die de beer scheiden van de woonruimte en de motor.

Het houten motorschip was geen nieuwe vinding. Soortgelijke motorschepen werden toen gebruikt op de Moervaart en de andere ondiepe kanalen in de omgeving voor het vervoer van bieten naar de suikerfabriek te Moerbeke-Waas. Men heeft het schip dan ook de heel toepasselijke naam Moervaart gegeven.

4. Otterschip, 1868

De voorgestelde otter is een reconstructie aan de hand van een bestek en een opmeting uit het archief van de scheepswerf Petrus Franciscus Van Damme, gedateerd op 1868. De otter is gematigd in zijn verhoudingen en neigt naar een binnenpleit. Over de stevens meet hij 21,40 m bij een breedte op de berghouten van 4,25 m en een diepte van 1,72 m, maten die hem duiden als een vaartuig voor een binnenlandse route. Achteraan heeft hij een stagie, in het bestek een keete genoemd. Het vlak is zeer breed en wordt opzij afgeboord met knoeselplanken, planken die aan de binnenzijde de dikte hebben van het vlak, maar aan de buitenzijde veel dikker zijn. Men laat de verdikking bij otters en pleiten vaak zichtbaar en duidelijk naar buiten uitsteken. Het is een overblijfsel van een oude constructiemethode die zeker niet mag beoordeeld worden als een bijzonder kenmerk van de soort.

Voor de mast is een groot kistluik aangebracht en de den is achteraan over een lengte van vier luiken verhoogd. Waarschijnlijk herbergt hij daaronder een tabernakel. De luiken van de gewone otters zijn rond en overdekken altijd de gehele breedte van het ruimgat. De stagie is bij de otters blijven bestaan tot aan hun verdwijning. Vaak werden ze ook gebouwd zonder stagie als draai-over-boord of voorzien van een paviljoen. Deze otter heeft een sloeptuig, bestaande uit grootzeil, vlieger, stagfok en kluiver. De bezaan is deze keer niet op het roer bevestigd, maar staat binnen de stagie op een leest, een dwarse balk, terwijl een beugel aan de voorzijde van de beting of boog hem recht houdt. De uithouder van de schoot staat echter op het roer, zodat de schoot van het zeil met het roer meedraait.

5. Vlaamse tjalk, begin 20e eeuw

Rond 1892 besloten de gebroeders Maes, die een scheepswerf uitbaatten in Steendorp, over te schakelen naar de bouw van tjalken. Voorheen waren ze gespecialiseerd in de bouw van otters en pleiten. Van hen is de uitspraak afkomstig dat er tussen otters en pleiten geen verschil bestaat, iets om even bij stil te staan. De tjalk is een Nederlands schip en in onze streken een vreemde eend in de bijt. Hij was de evenknie van de otter, maar sneller. Omdat snelheid toen in het transport een rol begon te spelen en schippers meer belangstelling gingen tonen voor snelle schepen, namen ze het besluit de concurrentie voor te blijven. Daarin zijn ze goed geslaagd. Hun tjalken waren niet alleen snel, ze waren ook mooi. De constructie van het geheel bleef gelijk aan die van de otter, maar aan de vorm van de romp werd gesleuteld. Ze maakten de boegen ronder, lieten ze meer naar buiten vallen zodat de aansluiting met de kielbalk naar het midden verschoof. In de kim werden de knoeselplanken hellend gezet en vormden het begin van een korte afronding gevolgd door een bolstaand zijboord. De dikke zijde van de knoeselplanken bleef echter naar buiten uitsteken, net zoals bij hun vroegere schepen.

Andere bijzonderheden hadden meer te maken met de uitstraling van het schip. De achterste boeghouten bijvoorbeeld liet men samen met enkele onderliggende boorden lichtjes naar binnen draaien in overeenstemming met de mode van de Nederlandse tjalken van toen. De stevenpunt vooraan kreeg een vorm die het midden houdt tussen de scherpe, hoge punt van de otter en de schuine plat afgezaagde kop van de Friese tjalk. De woonroef werd groter en het hoekige helmhout van de tjalk werd vervangen door een zachte afronding. Het schip werd uitgerust met enkele ijzeren lieren, een grote als hulp voor de ankerrol en het strijken van de mast, en twee kleine naast de mast voor de bediening van het zeiltuig.

Een van de meest bekende Vlaamse tjalken afkomstig van deze scheepswerf is het zoutwaterschip Petronella dat geregeld naar de monding van de Schelde trok voor een lading zeewater, bestemd voor de zoutziederijen in het binnenland. De Petronella was 20,25 m lang over de stevens, 5,03 m breed op het berghout en 1,95 m diep. Hij kon 99 ton laden. De zeilinventaris bestond uit een grootzeil met twee reven, stagfok en kluiver. De tekening is gemaakt naar een plan dat de oudste van de drie broers maakte in opdracht van de gemeente waar hij woonde, een plan van Willem Karel Versteeg en enkele mooie foto's van het schip zelf.

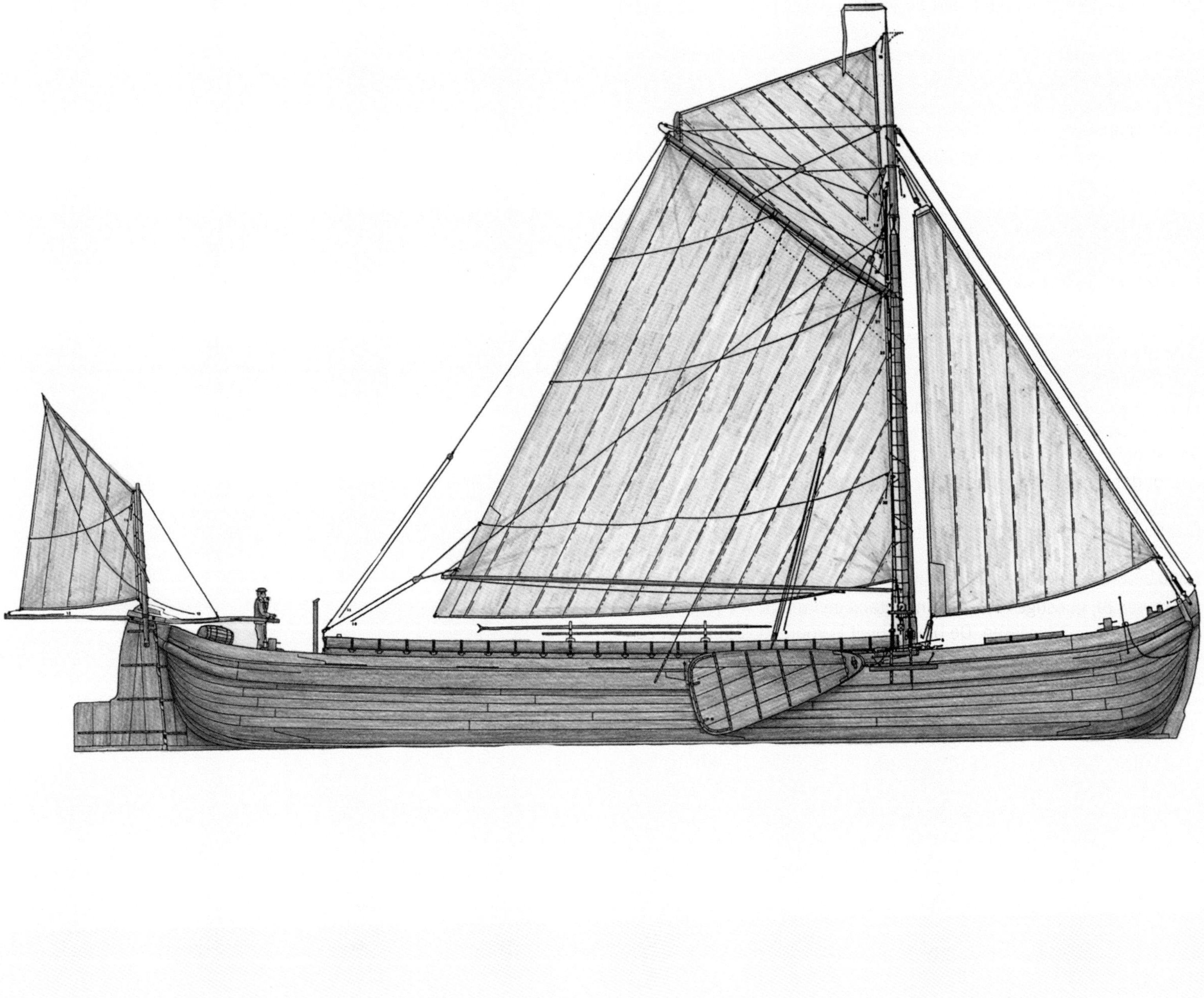

6. Binnenpleit

De reconstructietekening is gemaakt met behulp van een bestek en een opmeting uit 1868 van de scheepsbouwmeester Petrus Franciscus Van Damme. Het betreft een grote binnenpleit van 27,60 m lengte over de stevens en 5 m breedte op de berghouten. In tegenstelling met vroeger werden vanaf het midden van de 19e eeuw geen kleine pleiten met de afmetingen van een schuit meer gebouwd. De sluizen werden stelselmatig vergroot en de kanalen verbreed en verdiept om de doorstroming van het goederentransport vlotter te laten verlopen. De schippers, reders en bedrijven pasten hun nieuw te bouwen schepen aan. De lengte van de pleiten vergrootte en later, toen men ze van ijzer begon te bouwen, konden ze een nog grotere lengte bereiken en groeiden uit naar een nieuw soort schip, de ijzeren spits. Dat betekende meteen ook het einde van de binnenpleit. De spits nam bepaalde kenmerken van de pleit over.

De voorgestelde houten pleit heeft alle kenmerken van haar tijd. De grootste breedte ligt ver vooraan ter hoogte van de mast en vermindert zichtbaar naar achter, een van de redenen waarom dergelijke schepen in ongeladen toestand vooraan meer diepgang hadden dan achteraan. Het kistluik voor de mast begint zich te ontwikkelen, het wordt groter en zal later samensmelten met de den, zodat die zich uitstrekt van het vooronder tot het achteronder. De pleiten beginnen hun stagie te verliezen, waardoor de hoge kop van het roer verdwijnt. Het inspet, de Vlaamse benaming voor helmhout, ligt er nu bovenop.

Het eenvoudige zeiltuig bestaat uit een grootzeil met losse broek zonder reven. Bij gunstige wind is er nochtans een uithouder voorhanden om de schoot uit te vieren. De binnenpleit is voorts uitgerust met een stagfok en een bezaantje op het roer en als het niet te hard waait, kan een vlieger in de top.

7. De Willebroekse boot

In het archief van de scheepswerf Van Damme komt voor de eerste maal in een simpele nota, gedateerd op 1834, de naam Willebroekse boot voor, gevolgd door de hoofdafmetingen: lengte over de stevens 8,56 m op een breedte van 2,48 m. Het zijn de afmetingen van een open vaartuig dat men toen een boot noemde. Een andere gelijkaardige korte nota van 1836 vermeldt dezelfde naam, maar geeft grotere afmetingen, zijnde 10,21 m op 3,03 m. Vijfentwintig jaar later verschijnt in een meer uitgebreid bestek de bouw van een schuit met dezelfde naam. De gewone boot is intussen uitgegroeid tot 11,60 m lengte en een breedte van 3,59 m.

Twee daarop volgende bestekken en opmetingen voor opdrachten uit 1863 en 1865 geven als grootste afmeting 12,14 m x 3,86 m. De uitslag van die opmetingen laat een klein binnenscheepje zien met dezelfde inrichting als van een groot binnenschip. Vooraan een gewone ankerrol, maar zonder rakkejak, daarachter volgt het luik van het vooronder, dan de mastvoet van een strijkbare mast boven de plecht, vervolgens het laadruim, gedekt met ronde luiken en geflankeerd met gangboorden en ten slotte een klein dekje met paviljoen en stagie voor de ene en voor de andere een achterplechtje zonder stagie maar met beun dat werd gebruikt als stuurput. Door de beperkte afmetingen is het vooronder bij beide alleen maar bruikbaar om inventaris weg te stouwen, terwijl die met het paviljoen een zit en beschutting biedt aan niet meer dan twee personen en de tweede dat comfort opoffert voor een beun in de plecht die de schipper stahoogte geeft onder de giek of een zitje op de plecht.

De sterk naar voor staande mast is uitgerust met een stagfok en een kluiver en het grootzeil bestaat uit een bezaanzeil hangend aan een korte gaffel en onder uitgehouden op een lange giek. Navraag in Willebroek en omgeving bracht geen gegevens aan het licht omtrent zijn bestemming. Enkele geraadpleegde schippers suggereerden dat het transport van bakstenen wel eens het antwoord zou kunnen zijn. Vanuit dit standpunt bekeken, kan de Willebroekse boot de oude naam zijn van een vaartuig dat later algemeen bekend kwam te staan als de steenschuit. Het wisselen van benamingen in de loop van de tijd kwam in de binnenvaart meer voor.

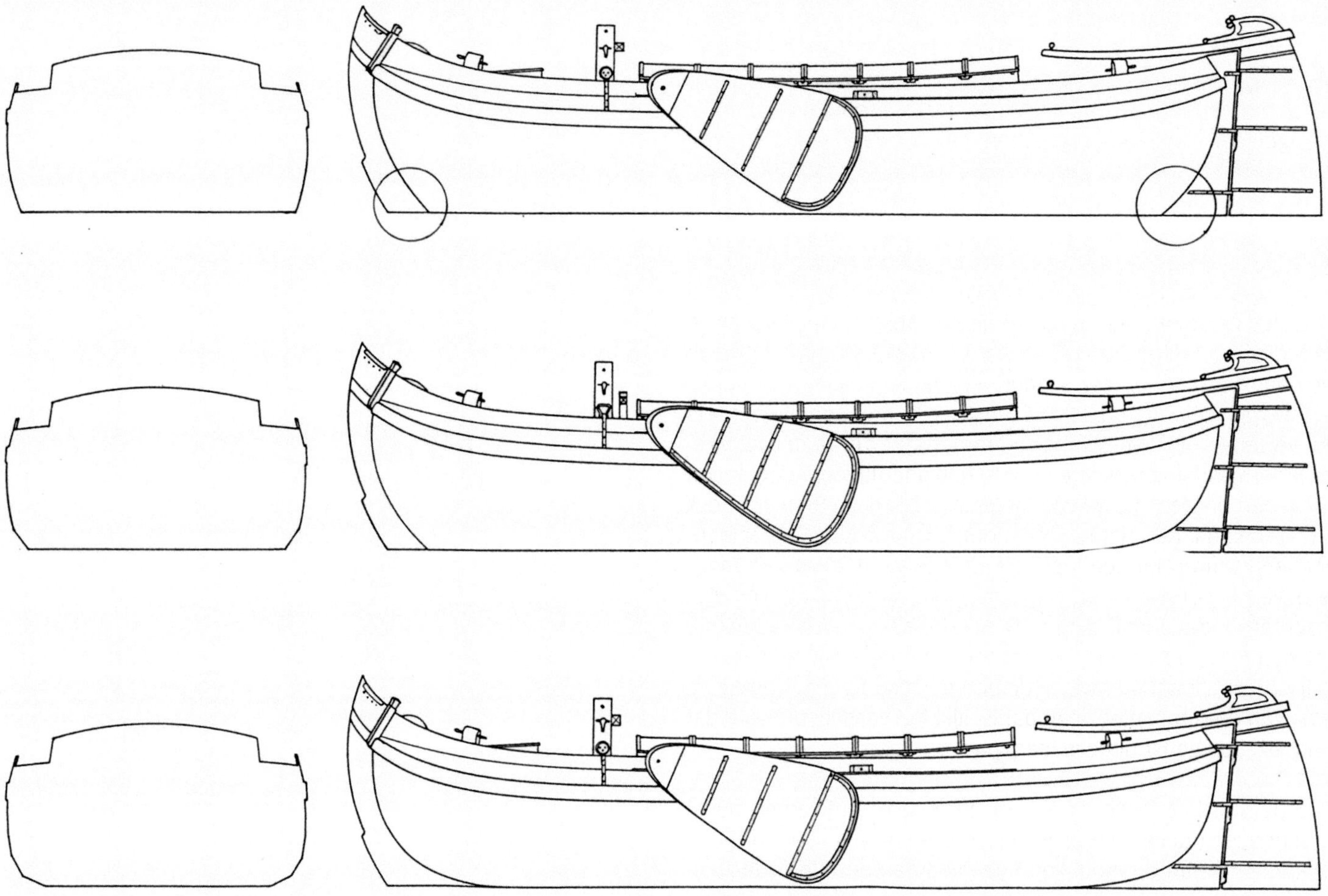

8. De Steenschuit

Goede gegevens over de steenschuit zijn beperkt, maar toch voldoende om er een goed beeld van te kunnen vormen. De naam is van toepassing op een kleine schuit die bakstenen van de steenovens in de omstreken van Boom uitvoerde naar binnenlandse bestemmingen. In de gewone omgang sprong men met de term steenschuit nogal lichtzinnig om. Een otter, een pleit, een baquet van Charleroi en eigenlijk alle andere scheepstypes die aan de gelagen bakstenen kwamen laden, werden steenschuiten of steenschepen genoemd. Als het gaat om het aanduiden van een bepaald scheepstype is het goed dit in gedachte te houden.

De lengte van een steenschuit ligt tussen de 12 en 14 m en de breedte oversteeg nooit 4 m. De diepgang was vanwege het lage boord heel beperkt. Het vaartuig was bijgevolg heel geschikt om plaatsen te bereiken die voor een groter schip ontoegankelijk waren. Dit neemt niet weg dat die schuiten het aandurfden via de Schelde hun lading naar Antwerpen te brengen. De geraadpleegde bronnen die ons iets kunnen vertellen over de schuit, tonen aan dat het onderwatergedeelte onderhevig is geweest aan verschillende uitvoeringen. In het boek *Schepen op de Schelde* van Maurice Seghers en René De Bock is een tekening naar de natuur opgenomen van de kunstenaar Maurice Seghers waarop hij een steenschuit weergeeft langs een modderige oever, liggend op dwarsbalken, zodat de vorm van het vlak en de achterboeg duidelijk zichtbaar zijn. De scherpe kim naast het vlak zet zich in de achterboeg verder tot tegen de achtersteven, net zoals bij een bak, maar hier vallen de boegen naar buiten. Hoewel de voorzijde van de schuit niet zichtbaar is, lijkt het vanzelfsprekend dat vooraan dezelfde constructie is toegepast.

De collectie van het Museum aan de Stroom te Antwerpen bevat enkele scheepsmodellen die gemaakt zijn toen de schuiten nog in de vaart waren. Eén van de modellen heeft vooraan dezelfde constructie, behalve aan de achterboeg waar hij is rondgebouwd met bekken. Willem Karel Versteeg heeft een lijnenplan nagelaten waarop hij zowel de kimmen als de onderboegen rond weergeeft, dus dezelfde constructie als van de Willebroekse boot gebouwd op de scheepswerf Van Damme te Baasrode.

9. Schuit, Scheepswerf Petrus Van Damme, 1865

De titel schuit heeft in alle Vlaamse bestekken en opmetingen uit de Schelderegio steeds de betekenis van een klein binnenvaartuig, met een lengte tussen de 12 m en de 17 m. In het begin van de 19e eeuw zijn ze, net als alle andere schepen, zwaar van hout. De afscheiding van Nederland en de oprichting van België, met nog maar eens een sluiting van de Schelde, was geen goede zaak voor de scheepsbouw in de nieuwe Belgische staat. De regering kwam de meest ondernemende werven wel te hulp met subsidies, maar zo gauw die in het begin van de tweede helft van de eeuw begonnen op te drogen, nam de crisis ernstige vormen aan. Uit de bestekken van die tijd blijkt heel duidelijk dat men ging besparen op het benodigde hout.

Het bestek van een otterschuit uit 1865 laat daarover geen twijfel bestaan. De schuit was 14,35 m lang over de stevens en 4,14 m breed op de berghouten. Het profiel van de zeeglijn is in het midden tamelijk gestrekt en buigt aan de boegen plots naar omhoog, helemaal anders dan de mooie harmonische zeeg van de oudere schuiten. Met die ingreep spaarde men hout, omdat nu de gangboorden rechtstreeks op de berghouten werden bevestigd. De berghouten zijn trouwens dunner, alleen de einden zijn dikker uitgezaagd om er schoetsels aan te maken die aansluiten op de dikke boeghouten. Al het hout voor de andere onderdelen is eveneens lichter. Het enige wat nog herinnert aan vroeger, zijn het paviljoen en de stagie.

De daaropvolgende bestekken benadrukken alleen maar de verdere achteruitgang. Was het voorheen een erezaak het gehele schip van eikenhout te maken, met de ingang van de nieuwe crisis schaamde men zich niet om voor constructies die boven water niet zichtbaar waren, zoals de planken van het vlak tot zelfs de kiel, een mindere houtsoort te gebruiken zoals beukenhout, wat voorheen ten stelligste werd afgekeurd. De otterschuit was eenvoudig getuigd met een bezaanzeil zonder reef, en verder een stagfok en kluiver.

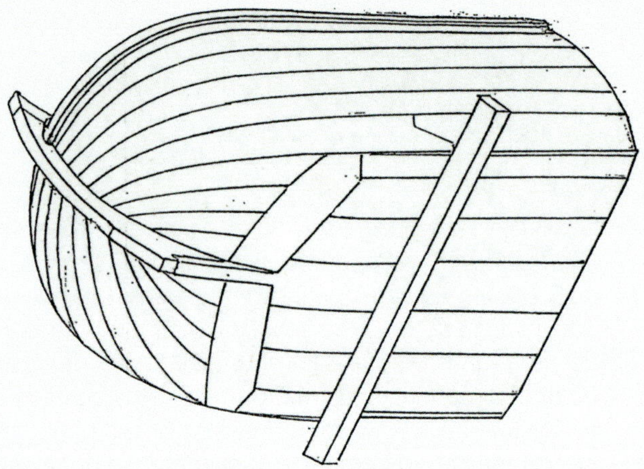

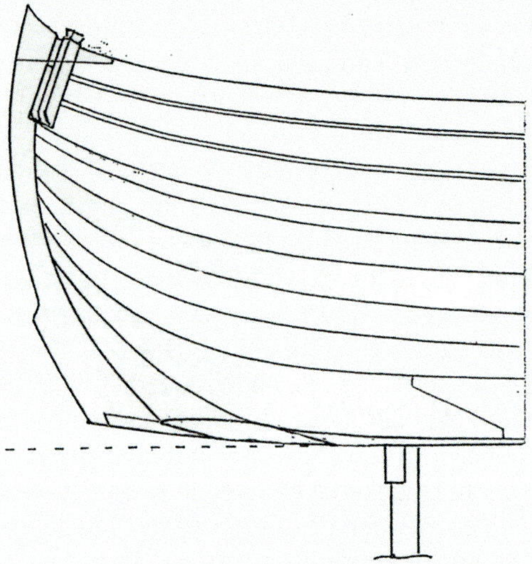

MK

10. Bovenschip van de Dender

Voor de Belgische regering rond het midden van de 19e eeuw besloot alle sluizen op de Dender van gelijke afmetingen te maken, toegankelijk voor schepen met een lengte van 39,50 m en een breedte van 5 m, en tegelijk ook ging zorgen voor eenzelfde diepgang over het hele traject, was het sluizenstelsel afhankelijk van grootgrondbezitters, zoals adel en kloosters, en van de steden die elk hun eigen idee hadden om met zo weinig mogelijk middelen de vaarweg die door hun eigendom passeerde lucratief te maken door het bouwen van sluizen in het belang van zowel de watermolens als van de scheepvaart, en daarvoor tolgeld te vragen. Het resultaat was, zoals men zich kan indenken, een grote chaos. Elke sluis was anders van constructie en afmetingen, zodat de schepen die het hele traject wilden bevaren, aangepast dienden te zijn aan de nauwste doorgang en aan alle andere ongemakken zoals verticaal werkende sluispoorten en lage bruggen. Op het traject van Antwerpen naar Aat in Henegouwen was de sluis op de Dender te Liedekerke gedurende eeuwen oorzaak van veel ellende. De schepen dienden de juiste breedte te hebben en de hoogte was eveneens beperkt door het zware op- en neerwaarts bewegende paneel van de twee sluispoorten.

De schepen die van die vaarweg gebruikmaakten, heette men bovenschepen van de Dender. Het was slechts één van de benamingen, want in de notarisakten en kronieken vindt men ze terug onder verschillende andere namen. Om er enkele te noemen: buijschip, buijer, denderpleit, bovenpleit, Vries schip of men hield het zonder meer gewoon bij schip.

Het in plan gebrachte bovenschip van de Dender is gemaakt met de hulp van de opmeting uit 1792 van scheepsbouwer Emmanuel De Landtsheer van Baasrode. Het bereikt een lengte over de stevens van 22,70 m terwijl de grootste breedte op de berghouten slechts 3,74 m bedraagt. De diepte van 2,12 m is een normale hoogtemaat in verhouding tot de lengte. Het toonde zich als een lang, smal schip, met een zeer brede bodem.

Het bestek uit het jaar 1725 spreekt met veel enthousiasme over de nieuwbouw van een buijschip met leesten alsof het de eerste keer was dat een dergelijke constructie werd toegepast. Buijen, een oud Baasroods dialectwoord, staat voor buigen. Het geeft meteen aan dat aan de vorm van de boegen iets is veranderd. De voor- en achterzijde van het vlak zijn een weinig opgebogen en de leesten, de rechte, platte planken die het vlak begrenzen, zijn een twintigtal centimeter breed en staan 7 duim gekimd.

De leesten van een denderschip sluiten bijna haaks tegen de klos op de kielplank en liggen iets schuin naar het midden. Nergens wordt meegedeeld hoeveel de schuinte bedraagt, dat is het geheim van de werf. Het heeft in elk geval te maken met de bocht van de boeghouten en de lengte van de leesten. Het is een constructie die men nergens anders tegenkomt. Het smalle schip is voorts gekenmerkt door dubbele berghouten en bovenaan de voorsteven is een wegneembaar bovenstuk, een ezel, geplaatst om eventueel bij een hoge stand van het waterpeil onder de schuifdeur van de sluis te kunnen doorvaren. Het bovenstuk van de stagie is om dezelfde reden wegneembaar uitgevoerd, daar spreekt men over de keete.

11. Bovenschip van de Dender, zeilplan, 1792

Het schip was voorzien van een korte, stevige mast, met genaaide steng, opgesteld in een lage mastkoker. Het grootzeil, onderaan voorzien van één reef, hing aan een lange gaffel en mist de giek, een langsscheeps topzeil, stagfok en kluiver en een klein bezaantje op het roer maakten de zeilvoorziening volledig. Of de kluiver en de lange kluiverboom werkelijk deel hebben uitgemaakt van het tuig kan terecht aangevochten worden. Door de aanwezigheid van de wegneembare ezel komt de stevigheid voor de bevestiging van de voorstag immers in het gedrang. Een uitrusting zonder kluiver zou bijgevolg meer voor de hand liggen. De zeilen werden gebruikt op het grote water, zoals de Schelde. Voor de vaart op de Dender zelf was men verplicht gebruik te maken van de vaste sleepdienst.

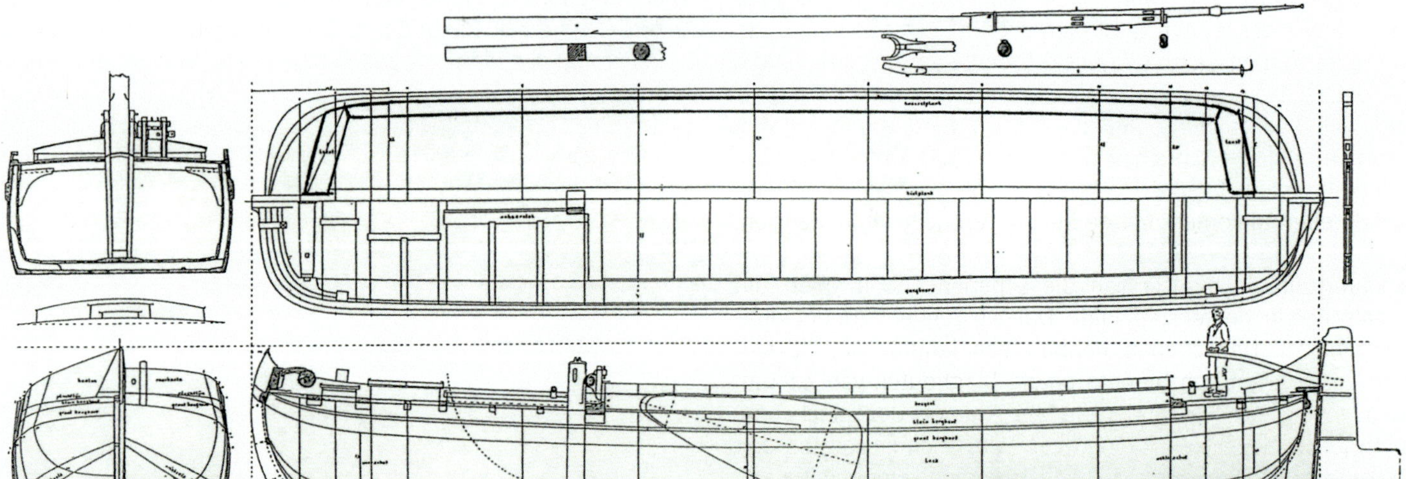

12. Bovenschip van de Dijle

Dijleschepen, ook dijlepleiten genoemd, hadden met de denderschepen de constructie met leesten gemeen. Nader onderzoek van een aantal nieuw gevonden notarisakten heeft enkele belangrijke wetenswaardigheden over die schepen aan het licht gebracht, waardoor het onderscheid met de denderschepen beter kan begrepen worden. Dijleschepen werden hoofdzakelijk gebouwd op scheepswerven te Boom en omgeving en te Mechelen. Hun vaarroute betrof het traject tussen Antwerpen en Leuven via de Rupel en de Dijle. Hier was de flessenhals de sluis te Wijgmaal, de laatste sluis voor Leuven. Die had een comfortabele breedte van meer dan vier meter, maar ze was wel de smalste van het hele traject. De schepen met bestemming Leuven waren bijgevolg breder dan de denderschepen en de grotere doorvaarthoogte van de sluispoort maakte het mogelijk het wegneembare onderdeel, de ezel, weg te laten en de keete boven de stagie uit één stuk te maken.

De belangrijkste bestekken die het mogelijk maakten het probleem in verband met de leesten op te lossen, werden ontdekt in een drietal akten van 1786 waarin dijleschepen worden besproken. Ze werden gebouwd op de werf van August Collier te Niel, niet ver van Boom. In die geschriften vindt men voor het eerst de lengte van de voorste leesten en daarbij de juiste breedte van het vlak op die bewuste plaats, een godsgeschenk. We leren bovendien dat het voorste deel van het vlak niet opbuigt zoals bij het denderschip. Het vlak blijft vooraan recht en plat, en de knoeselplanken kimmen niet op. Alleen is de buitenkant van de plank dikker dan normaal om aan de binnenzijde effen te komen met de helling van de gekimde leesten.

Boven water zijn de meeste van die schepen gebouwd op zijn Fries, zoals het in de teksten luidt. Dat wil zeggen: zonder dubbele berghouten. De schepen hebben een lengte over de stevens van 22,36 m en een breedte op de berghouten van 4,87 m. Ze zijn bijgevolg goed te onderscheiden van de denderschepen. Zonder twijfel is het alleen aanbrengen van gekimde leesten aan een volkomen plat vlak ouder dan de bijkomende opbuiging van de vlakeinden zoals bij het denderschip. Het zeilplan is identiek aan dat van het denderschip zodat de tekening volstaat voor beide. Andere onlangs weergevonden notarisakten vanaf 1611 spreken over de oude bovenpleiten die alleen te herkennen zijn aan de schrijfstijl uit die periode. Met deze nieuwe informatie stellen we het bestaan vast van drie verschillende soorten bovenpleiten: die van Brabant, Oost-Vlaanderen en West-Vlaanderen. Hoe het met het binnenlanderschip staat, is minder gekend. Er bestond bovendien nog een derde bovenschip waarvan we wel de naam kennen: de bin of binnenlander, bedrijvig in West-Vlaanderen, dat zonder twijfel te maken heeft gehad met overtoom, of anders gezegd, de overdracht op de Ieperlee te Ieper. Het moet een binnenpleit geweest zijn met verschillende kenmerken, klein en ondiep voor de gewone binnenlandse vaart maar ook wat forser voor de kustvaart. Er zijn dus drie soorten bovenschepen.

Het enige oorspronkelijke kenmerk van de soort bestaat uit het zeer brede pleite vlak, zonder scheg, om het eens te zeggen in de werkelijke betekenis van de oude term. Die vorm was toen doorslaggevend voor schepen met weinig diepgang die via ondiepe bovenarmen van rivieren diep in het binnenland hun bestemming moesten bereiken. Andere kenmerken waren de dubbele berghouten en het sprietzeil. Die oervorm heeft het in de streek van West-Vlaanderen zeer lang uitgehouden onder de naam binnenlanderschip. De bestekken uit die periode zijn spijtig genoeg te beknopt om er een tekening van te maken. De typische constructie is blijven bestaan tot in het begin van de 20e eeuw.

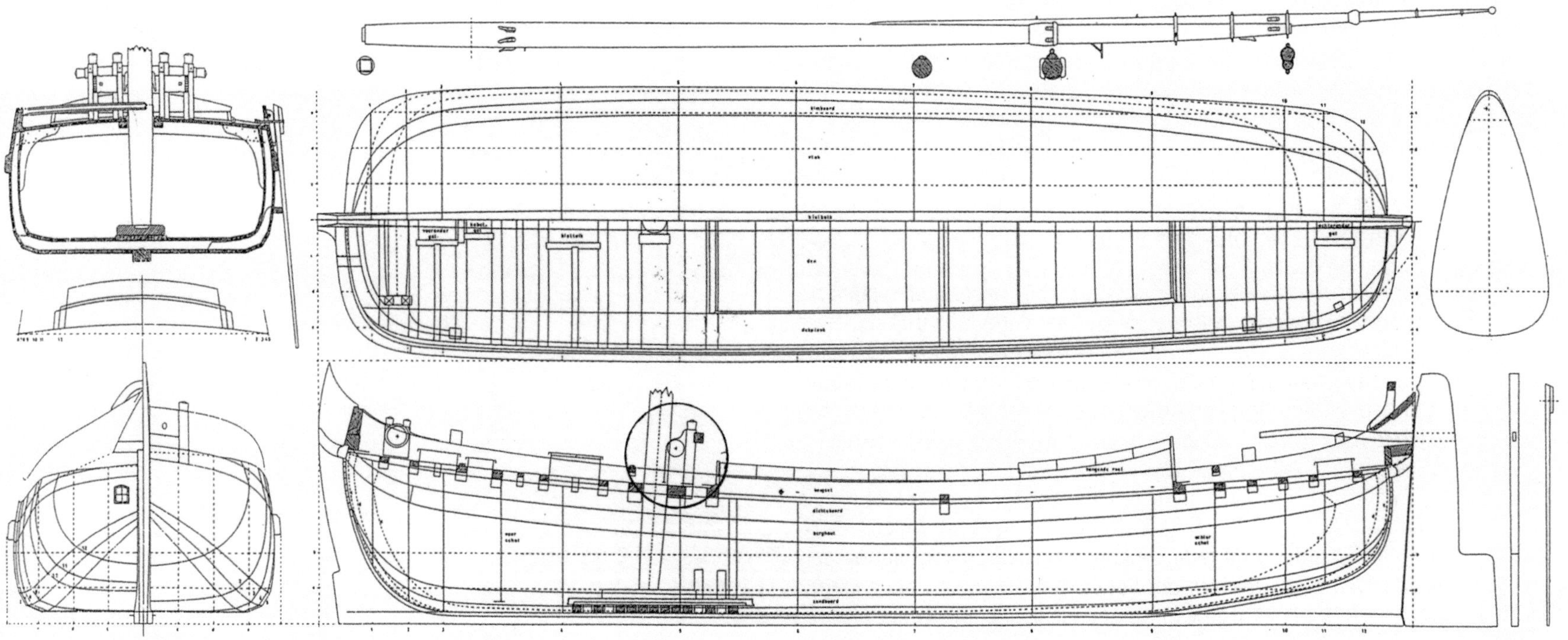

13. Zeepleit, romp

Emmanuel De Landtsheer was de laatste uit een geslacht van zelfstandige scheepsbouwers die te Baasrode gedurende de hele 18e eeuw een scheepswerf hebben uitgebaat. Het schrift dat hij heeft nagelaten, waarin hij de volledige opmetingen geeft van een groot aantal schepen, situeert zich tussen 1792 en 1830. In 1832, na zijn overlijden, werd de werf verkocht aan zijn zwager Frans Van Damme. Een van de schepen waaraan Emmanuel De Landtsheer veel aandacht heeft besteed, was wel heel bijzonder. Hij geeft het geen specifieke naam, maar heet het gewoon, net als een reeks andere van gelijke constructie, een schip. Het is 22,56 m lang van kiel en ongeveer 23,15 m over de stevens. Die twee verschillende lengtematen duiden al meteen op een totaal andere constructie als die van de bovenschepen. Hier gaat het over een rondgebouwd kielschip. In het midden op de berghouten bereikt het een breedte van 5,87 m, een breedte waarmee men toen geen enkele binnenlandse sluis kon doorkomen, en van de diepte van 2,40 m kan hetzelfde worden gezegd.

Het moet bijgevolg bestemd zijn geweest voor het ruimere water. De bouw van de romp laat vermoeden dat het een Vlaamse zeepleit is geweest. De hoog oplopende boegen getuigen daar ook van, net als de brede gangboorden en als gevolg daarvan, de smallere luikopening die bovendien nog verkort wordt door het opschuiven van het voorschild naar achter, zodat achter de grote mast voldoende ruimte ontstaat voor de bediening van het tuig. Het optrekken van de achterboeg om het schip beter te ontlasten van het opgestuwde water, was een nieuwigheid, eigenlijk een experiment. In de tekst drukt de bouwer zijn tevredenheid uit over de goede resultaten van die ingreep en schrijft: *het heeft gevaren dat het een plaisir was bij naer sonder weergay*. Het was geen gewoon binnenschip. Zo heeft hij er gedurende zijn loopbaan twee gemaakt.

14. Zeepleit, zeilplan

Dergelijke pleiten voerden een eeuw voordien een smaktuig, bestaande uit een hoog sprietzeil met dwarsstaand topzeil, fok en kluiver. Er was helemaal geen reden die daarom een smak te heten, ook de tjalk voerde toen hetzelfde smaktuig, maar bleef de naam tjalk behouden. De maatopgave van de mast wijst naar een moderne zeilvoering, het staande gaffeltuig. Het gaffeltuig heeft zijn voornaamste zeil hangende aan een zeer lange, moeilijk te strijken gaffel, zodat het zeil gestreken werd tegen mast en gaffel, gelijk een gordijn, met een drietal geien. Wat het tuig bovendien nog moderner maakte voor zijn tijd, was het langsscheepse topzeil. En voor het gemak van het sturen, stond op een overbrugging in de keete nog een kleine gestaagde bezaanmast. Voor de mast had men de gebruikelijke stagfok en de kluiver.

Omdat een pleit gaffelgetuigd is, verliest ze daarom nog niet haar status van herkomst. Voor iemand die zich uitsluitend op de gelijkenis blindstaart, leidt die vaststelling altijd tot verwarring. Tussen een gaffelgetuigde pleit en een echt gaffelschip is dan ook in constructief vlak, praktisch geen zichtbaar verschil te bespeuren. Het ene schip is Vlaams, het andere Hollands.

De zeilvoering is af te leiden uit de nauwkeurige beschrijving van mast en rondhouten. Alle afmetingen zijn gekend. De masttop is voorzien van een zeer laag hangende hommer en de steng, een verlenging van de mast, heeft in het bovenste deel, helemaal naar de mode van toen, een verdikking in de vorm van een omgekeerde peer. De steng zit vast aan de mast, men sprak over een genaaide steng. Het grootzeil hangt aan een zeer lange gaffel en de giek voor de schoot ontbreekt. Boven de gaffel kan een langsscheeps topzeil gevoerd worden, wat toen zeer vooruitstrevend was. Voor de mast staat de gebruikelijke stagfok en een kluiver.

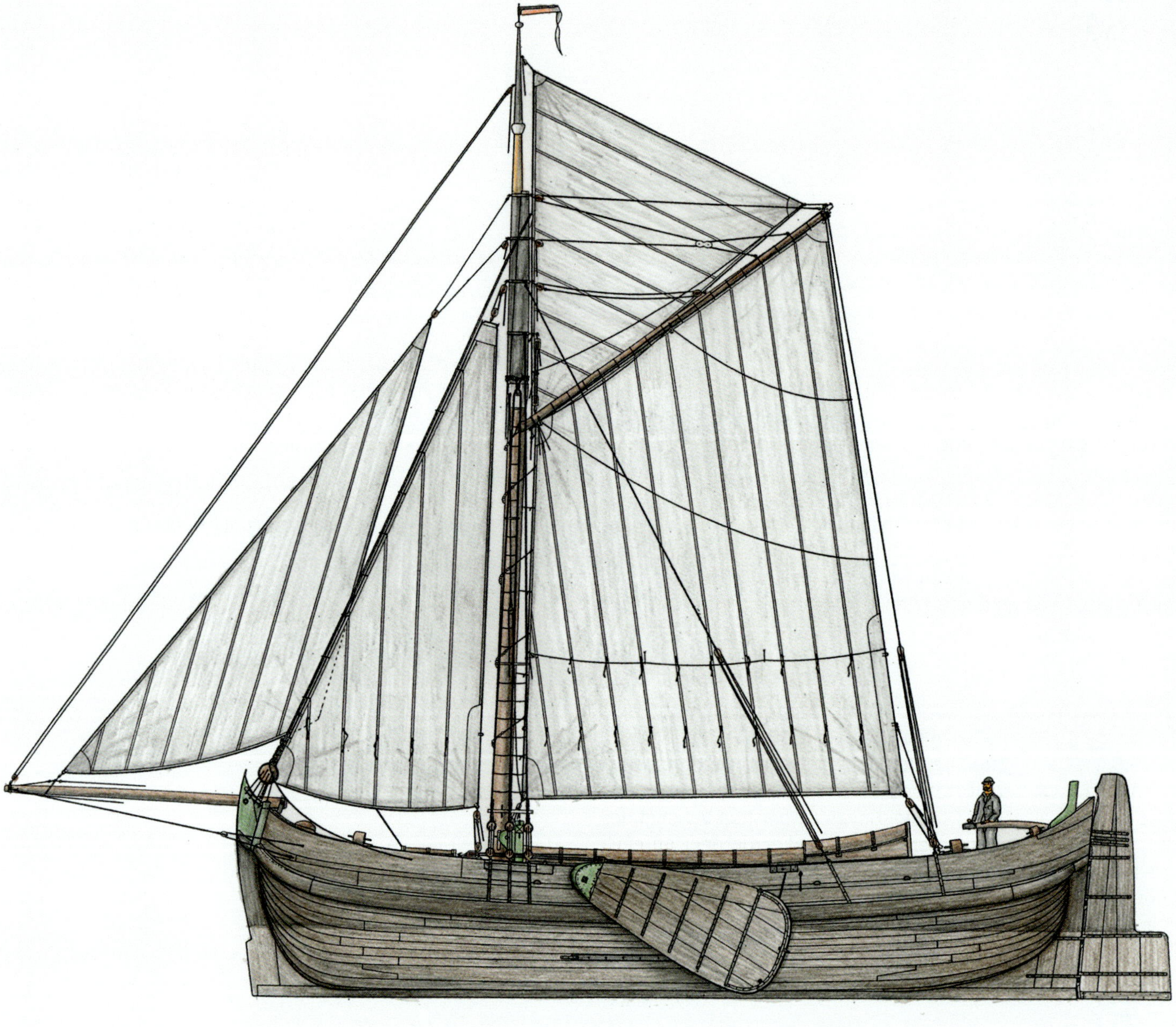

15. Gaffelschuit, 1794

Dezelfde opmetingen van de Baasroodse scheepsbouwmeester Emmanuel De Landtsheer bevatten nog andere schepen met een gelijke constructie als de zeepleit, maar kleiner van gestalte. In een opmeting van 1794 heeft hij het over een nieuw schip voor Francis Verstokken. Hij zat toen nog in het prille begin van zijn loopbaan, wat te merken is aan zijn zeer uitgebreide tekst en ook hier gebruikt hij de naam schip zonder het type nader te bepalen. De afmetingen zijn als volgt: lengte over de stevens 17,11 m, breedte op de berghouten 4,72 m en diepte in het midden van onder het vlak tot aan het gangboord 1,97 m. Het verschil tussen de stevens en de lengte van de kielbalk scheelt maar 74 cm. De stevens staan bijgevolg zeer steil en de boegen zijn rond en bol, de zeeg diep en zware berghouten omgorden het geheel.

Het zijn de gegevens van een oude, kleine pleit, structureel is het geen bovenpleit. Dat is de eerste vaststelling. Ten tweede is de inrichting boven op de plecht hetzelfde als van een gewoon binnenschip, de gangboorden zijn smal, het ruimgat bevindt zich vlak achter de mast, zodat de staanders van de galg achter de mast op het voorste ruimschot zijn bevestigd wat de staplaats om het tuig te bedienen beperkt. De geringe breedte geeft het schip de vrijheid enkele belangrijke binnenlandse steden te bezoeken. Ten slotte geeft de beschrijving van mast en rondhouten het zeiltuig aan van het schip, bijkomende aanwijzingen die alleen te bepalen zijn uit de vorm van die onderdelen.

Het gaat over een gaffeltuig. Alle afmetingen van de mast zijn gekend. De masttop is voorzien van een zeer laag hangende hommer, typisch voor een gaffeltuig. De ondermast is verlengd met een vaste steng, waarvan het lijf met bouten en spijkers aan de masttop boven de hommer wordt verbonden. Boven de masttop verlengt de steng tot aan een verdikking, een soort omgekeerde peer en eindigt uiteindelijk dun en elegant op een pommelle. Een dergelijke uitvoering heet men een genaaide steng. Een tweede belangrijk onderdeel van een gaffeltuig is de lange gaffel waaraan het grootzeil hangt. Vooraan zit het met rakbanden vast aan de mast, terwijl de schoot rechtstreeks aan een takel is verbonden, de giek ontbreekt. Bij een gaffeltuig behoort altijd een topzeil en voor de mast vindt men een stagfok en op de kluiverboom een kluiver. Ziedaar het beeld van een oude gaffelschuit.

Over scheepstypes en hun zeiltuigen had F. V. Van Loon in zijn werk waar hij het heeft over het gaffelschip op bladzijde 13 het volgende te zeggen: *Het gaffelschip is eigenlijk eene zwaar betimmerde hektjalk, maar veel kostbaarder bewerkt dan eene Friese en ook bevalliger van gedaante, door eene fraaie zeeg in de boording.* Zet nu een Zuid- Nederlandse hektjalk en een Vlaamse gaffelschuit naast elkaar en men komt tot de onthutsende vaststelling dat ze als twee druppels water op elkaar gelijken. Daar komt dan nog bovenop dat ook het onderwaterschip gelijk is: een brede, platte bodem met hoekige rondingen voor en achter in de onderboegen. Allemaal vormen die de snelheid remmen en door Van Loon aangeklaagd worden, waar hij schrijft: *De bodems der gaffeltjalken worden algemeen te wijd in de achter- en vooreinden gemaakt waardoor de boegbuiging eenen uitstekenden hoek behoudt.* Kan men van de pleit niet hetzelfde zeggen en overtreft de pleit in ouderdom niet alle andere?

16. Gaffelschuit, begin 20e eeuw

Deze tekening is gemaakt om de verhoudingen van romp en rondhouten te leren onderscheiden. Er zijn geen gegevens van afmetingen aan te pas gekomen. Het is gewoon een afdruk van een foto genomen in het begin van de 20e eeuw op de linkeroever van de Schelde voor Antwerpen naar de andere oever waar de schuit aan de kade lag afgemeerd. Het zeer lange brandpunt staat garant voor een beeld zonder optische vervormingen. De prent toont het profiel van een gaffelschuit zoals Emmanuel De Landtsheer, meer dan een eeuw voorheen, zijn pleiten tuigde. Aangezien het ruimgat van de schuit gedekt is door negen luiken, gaat het om een scheepje tussen de 14 en 15 meter lang. Anders en moderner aan de schuit is de uitvoering van de mast. De mast met genaaide steng is vervangen door een lichtere uit één stuk. Hij zit in een mastkoker, dus strijkbaar, en naast de mast is geen zeilrol te zien. Daaruit besluiten dat ook het hout van de romp iets minder zwaar zal zijn, ligt voor de hand.

17. Vlaamse beurtschuit voor passagiers, 1797

In dit jaar maakte Emmanuel De Landtsheer op zijn werf te Baasrode de opmeting van een beurtschuit. De kiel van de schuit is 13,30 m lang en over de stevens is ze 14,49 m. De korte overhang van 69 cm geeft steilstaande stevens en haar breedte van 4,85 m onderstreept het stoere uiterlijk. Ze was een product van haar tijd. De stevens springen ver buiten de huid en vormen samen met de dikke boegen berghouten voor een afgetekende omlijsting. Zij onderscheidt zich van haar soortgenoten door enkele in het oog springende onderdelen. Achter de mast staan boven het ruimgat twee grote vierkante bakken, in het midden voorzien van een tapgat, de ene aan stuurboord is groen geschilderd, de andere rood. Waarvoor ze dienen staat er niet bij. Ze zouden te maken kunnen hebben met de watervoorziening voor de passagiers. Ten gerieve van hen is achteraan een dekroef opgericht met ramen en een ingangsdeur. Die uitrusting voorziet in het nodige comfort voor een lange reis. Tussen de bakken en de roef blijft net genoeg plaats voor twee ronde luiken, zo kon het schip ook goederen en post laden. Achter de roef bevond zich het verblijf van de schipper.

Helaas zegt het verslag niets over de vaarroute of welke steden en dorpen op haar weg werden aangedaan. De beschrijving van de lange mast wijst in elk geval naar groot en open water. Als volbloedzeiler was ze voorzien van een bezaanzeil en voor de mast voerde ze de traditionele stagfok met kluiver.

18. Veerschuit, Veere-Kamperland, 1908

Deze veerschuit van het Zeeuwse type werd door de veerman Gerrit Schippers aanbesteed bij Jan de Klerk te Kruispolder in Hontenisse. Ze werd in 1908 te water gelaten om de overzet te verzekeren in het Veerse Gat tussen Veere en Kamperland. De veerman had de pacht van het veer in bezit sedert 1872 en voerde zijn werk uit met twee roeiboten. Omdat het aantal reizigers was toegenomen, besloot hij een groter schip te laten bouwen, deze keer een zeilschip. De veerweg stond voor de aanleg van de zeedijk die het Veerse Gat van de zee afsloot, bekend als een gevaarlijk vaarwater. Stroming en harde wind hielden er bij tijden lelijk huis. De opmeting van het schip, dat verbouwd was tot jacht, bracht een lengte van 10,95 m aan het licht en een breedte van 3,75 m. Toen de schuit werd opgemeten bevond ze zich in een erbarmelijke staat. Na veel gehakketak hebben de stad Zierikzee en een stichting de handen in elkaar geslagen en gezorgd voor stalling en een grondige restauratie. Ze vaart nu opnieuw in de streek waar ze thuishoort als erfgoed

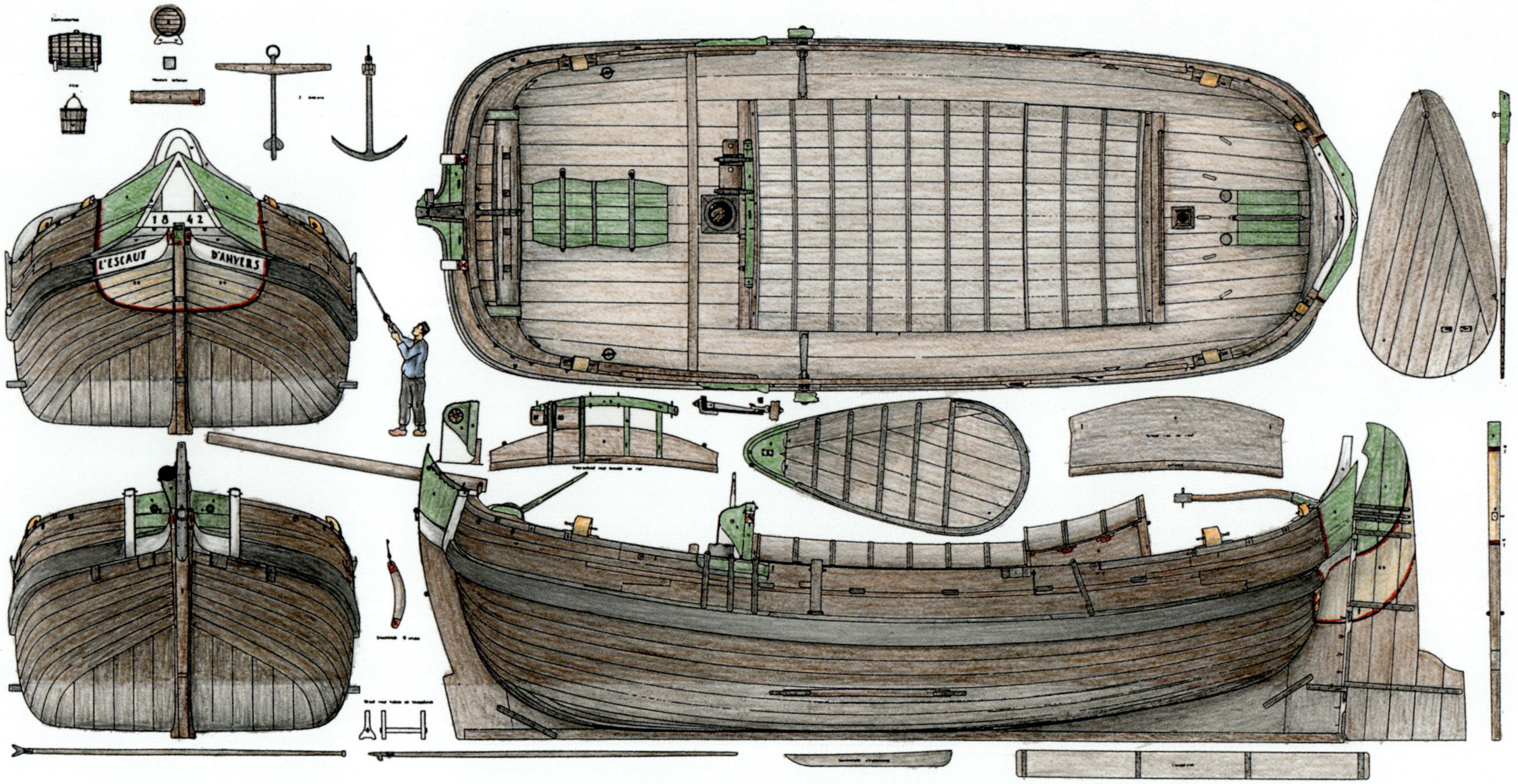

18 42
L'ESCAUT
D'ANVERS

19. Pleitschip, 1842

Dit scheepsmodel uit de collectie van het Museum aan de Stroom te Antwerpen was in zeer slechte staat toen het werd aangekocht. De stagie was losgekomen, sommige delen waren verdwenen en van de versiering bleven maar enkele vage resten over. Een grondige restauratie drong zich op. Men wist zelfs niet eens met welk scheepstype men te maken had, maar vanwege de ronde luiken en de bouwwijze werd het benoemd als een Brabants type.

In werkelijkheid is het een stevige pleit. Als men de romp vergelijkt met de zeepleit van Emmanuel De Landtsheer zijn de kenmerken identiek. Vóór de restauratie werd het model opgemeten en in plan gebracht. Een tekening van een oud model is niet altijd de beste weg, omdat men eertijds nogal onverantwoord omsprong met de werkelijke maten. Maar na onderzoek bleek het model, vanwege de uitzonderlijk nauwkeurige uitvoering van alle details, de moeite waard eraan meer dan gewone aandacht te besteden.

Het model meet over de stevens 75,6 cm en op de berghouten in het midden 28,4 cm. Het is een weergave van een type uit de Schelderegio waar Brabants en Vlaams zich vermengen. De naam op de achterste boeghouten *L' Escaut d'Anvers* en de datum 1842 op de kruisbalk van de stagie, leggen meteen het moment vast toen dergelijke schepen nog volop in de belangstelling stonden. Als men aanvaardt dat het is gemaakt als pronkstuk om het ontstaan van België te vieren, dan is het jaartal op de kruisbalk goed gekozen.

Het bekijken van de lijnen op de uitslag van het plan laat een forse zeiler zien. De lange opbuiging van het achterste deel van het vlak bevordert volgens de opvatting uit die tijd de snelheid van het schip en past in de periode toen men over dit onderwerp begon te debatteren. Ook de houtdikte van de onderdelen klopt met de realiteit. Was het hout van de roerkoning 12 cm dik, dan werd dit getal gedeeld door twee om de dikte van de zwaardkop te bepalen, dus 6 cm, wat op zijn beurt in twee werd gedeeld om de dikte van de onderzijde te bekomen. De zwaarden waren niet geprofileerd, ook dat klopt met de plaatselijke gebruiken. Het inspet van het roer heeft een liggende S-vorm, typisch Vlaams.

De aanwezigheid van droge naden in de constructie rondom plechten, de gangboorden, de schilden van de den en rond de luiken die toegang geven tot voor- en achteronder, zijn een aanwijzing van goed en verzorgd werk.

De aansluiting van onderdelen met verschillende houtdikten als de verbinding van de dikke rechte middenboeisels met de dunne gebogen boeisels van de voor- en achterboegen, de uitvoering van de zeilrol, de mast en nog veel meer, zijn bijkomende leerzame items om het model te identificeren. De wrangen en inhouten van het binnenwerk zijn echter veel te dik, wat spijtig is, maar gezien de ouderdom van het model, onvermijdelijk. De bouwers van dergelijke modellen beschikten toen nog niet over sneldrogende lijm en waren verplicht hun boordjes met spijkers op de houten vast te maken, vandaar de noodzaak van dikker hout voor de binnenbetimmering.

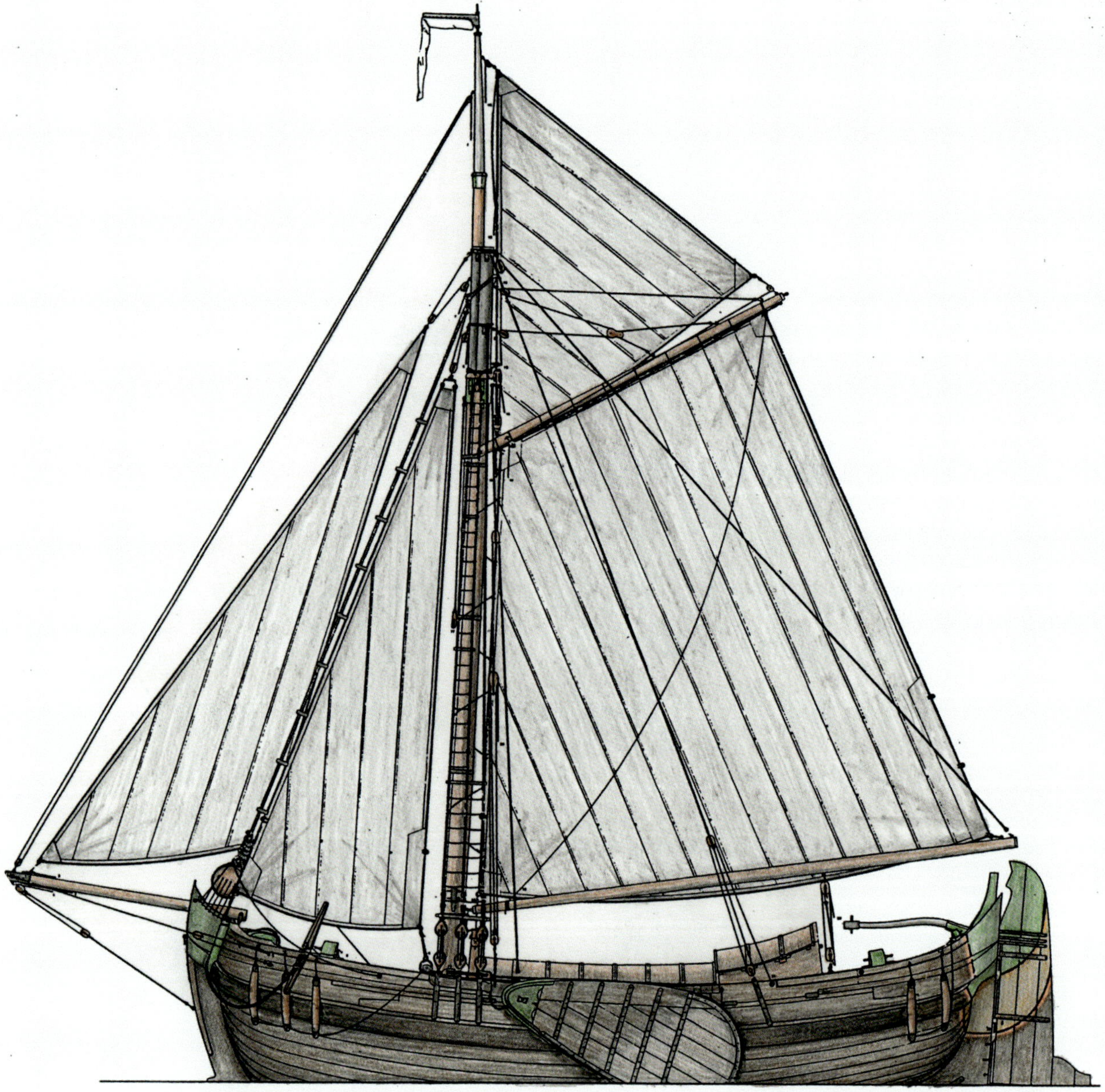

20. Pleitschip, zeilpan

Het bewuste model is kottergetuigd, Emmanuel De Landtsheer heet zulke tuigage ergens in zijn opmetingen een pokkentuig. Het oude kottertuig heeft een mast uit twee delen, de ondermast en de steng. Die constructie zagen we reeds eerder. Meestal daalt de staart van de steng tot even onder de ton, maar in dit geval daalt hij lager. Hij wordt met nagels en bouten aan de mast bevestigd.

Het onderste deel van de mast onder de plecht heet men de mastvoet, dan volgt de eigenlijke mast tot aan de hommer of ton en daarboven de masttop. Het gedeelte van de steng boven de mast tot aan de verdikking, de peer, is het geel en wat boven de peer staat is de top van de steng. Zo zit de genaaide steng in elkaar. Een typisch 17e- en 18e-eeuwse constructie.

De hoge mast draagt het grootzeil, hangend aan een lange gaffel en staat met de schoothoek op de lange giek, die soms tot de achterzijde van de roerkop reikt. Boven de gaffel troont een topzeil, eertijds dwars opgehangen aan een ra en later langsscheeps opgesteld, zoals op het model (begin 19e eeuw). Vooraan staat naar gewoonte de stagfok en op de boom een kluiver. Alles samen een wolk van zeildoek, niet het ideale tuig voor een binnenschipper.

21. Paviljoenschuit, 1810

Emmanuel De Landtsheer mat in 1810 de schuit van Jozef Herry. Over de stevens is het schip 14,50 m lang terwijl de lengte van de kielbalk 13,98 m bedraagt en de breedte op de berghouten 4,79 m. De schuit is uitgerust met een paviljoen en voorziet in een stahoogte van 1,90 m, maar als woonruimte voor een gezin is het te klein. Hoewel een opmeting geen bestek is, geeft ze toch bij uitzondering een houtdikte. Het rechte boeisel van 7,50 m lengte heeft boven de gangboorden een dikte van 10 cm en is ongeveer 38 cm hoog. Voor een dergelijke kleine schuit een forse borstwering. Ze zet de toon voor de afmetingen van het andere hout van de romp. Zware houtmaten waren voor de schepen tot in het begin van de 19e eeuw een vaste maatstaf. Later zou dat onder druk van de omstandigheden, zoals de sluiting van de Schelde en de daarop volgende crisis in de sector, veranderen.

Om het vak te leren, kopieerde Petrus Van Damme, de opvolger van de werf, verschillende opmetingen van zijn oom, waaronder deze paviljoenschuit. Hij heeft die methode tot aan zijn overlijden in 1875 voor de bouw van zijn eigen schepen gevolgd, hoewel niet met dezelfde ijver. De zeiluitrusting van de schuit bestaat uit een bezaan en een stagfok met kluiver. Het grootzeil wordt hier inderdaad een bezaan genoemd. De bezaan was in de wereld van de binnenvaart in die tijd het kleine zeiltje achter in de stagie of op het roer. Het werd met slechts één enkele lijn bediend en gezien dit voordeel verhuisde het systeem naar de hoofdmast als grootzeil. De naam bezaanzeil bleef behouden. De piekeval was zo ingeschoren dat het een afzonderlijke klauwval op het kleine gaffeltje overbodig maakte. Bij deze uitvoering is in de mast op een kleine afstand boven de ton een sleuf met een schijf aangebracht, het tuingat, dat het lopende eind van de piekeval naar een houvast in de nabijheid van de knecht geleidt. De oplossing voor een klein schip met weinig bemanning.

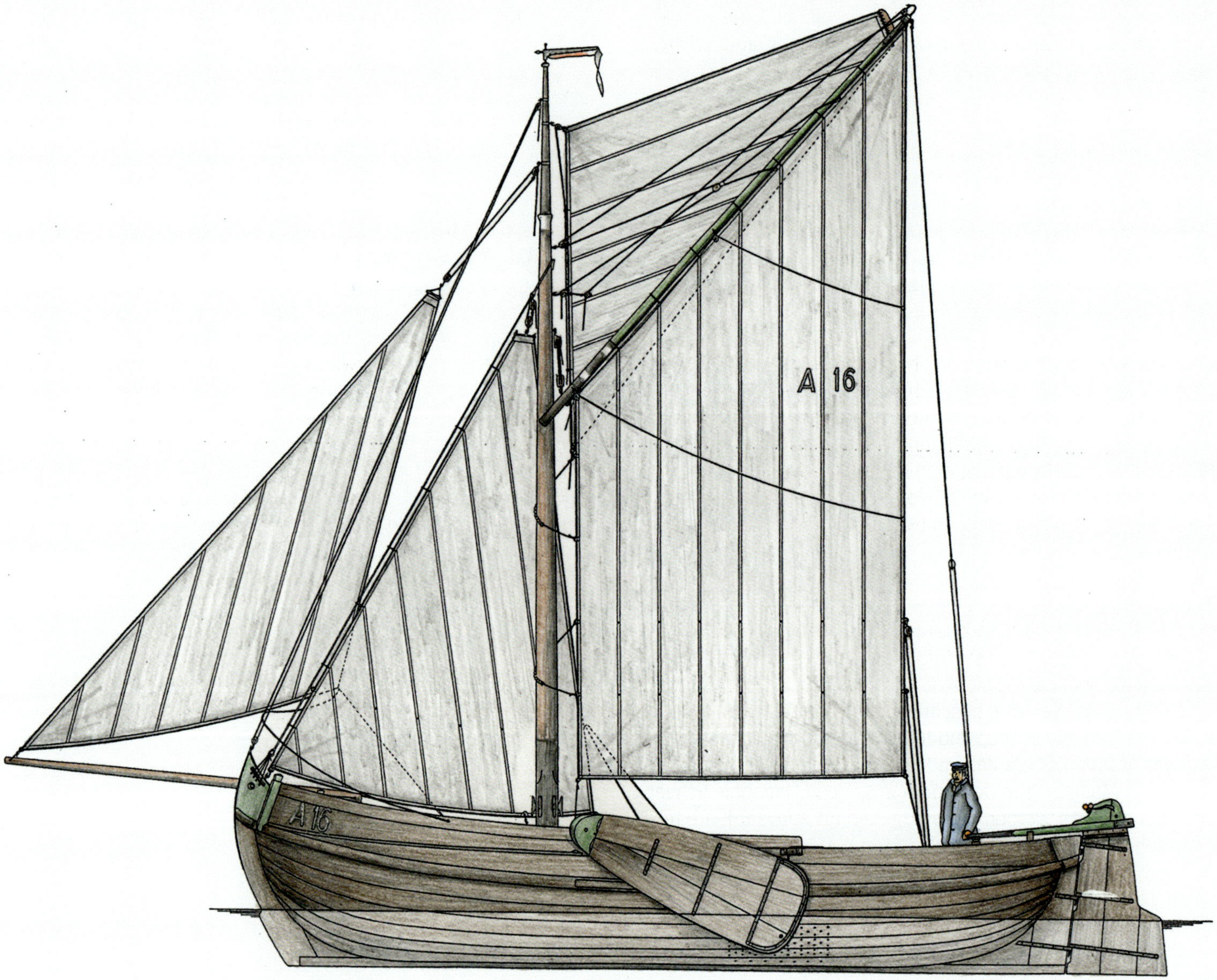
A 16
A 16

22. Antwerpse knots

De Antwerpse knots is een vissersvaartuig op de Schelde, meer bepaald een garnaalvisser, maar platvis, paling en griet kwamen ook aan de orde. De voornaamste uitrusting voor de garnaalvisserij bestond uit een grote kor met een fijnmazig net. Zijn visgebied beperkte zich tot de Westerschelde tot aan het Nauw van Bath. Sommigen waagden zich verder, maar daarvoor hadden ze een bijkomende licentie nodig. De naam knots zou te maken kunnen hebben met zijn vorm. Vele zijn vooraan breder en voller dan achteraan. Of dit zo is voor alle knotsen is lang niet zeker. De grote binnenschepen, zoals otters en pleiten, toonden aan het einde van de 19e eeuw diezelfde kenmerken, zodat we hier te maken hebben met een eigentijds verschijnsel, ze zijn niet altijd zo geweest.

Anderen zien een verwantschap met het maassluisplatje vanwege de gelijkenis. Niets is meer misleidend om de herkomst van een type te bepalen. Laten we het houden bij de vaststelling dat de knots een Brabants scheepje is met alle kenmerken van dien. Daarbij komt nog dat iedere scheepsbouwerbaas, en niet te vergeten iedere visser, zo zijn eigen opvattingen had over wat doeltreffend of mooi is. De lengte van de knots ligt tussen de acht en twaalf meter. Hij is uitgerust met een gaffeltuig.

Het is jammer dat na de Eerste Wereldoorlog, toen de visserij op de Schelde ter ziele ging, niemand het initiatief heeft genomen één van die boten op te meten. De beste informatie is afkomstig van de kunstenaar Maurice Seghers. Hij heeft de knotsen niet alleen geschilderd, maar heeft ook schetsen met beschrijving nagelaten, wat uitmondde in de bouw van enkele scheepsmodellen. Die informatie, samen met nog andere bronnen, zoals Willem Karel Versteeg en het fotoarchief van het in het Museum aan de Stroom opgegane Nationale Scheepvaartmuseum van Antwerpen hebben geleid tot aanvaardbare tekeningen van het type.

Jules Van Beylen, toenmalig conservator van het Nationale Scheepvaartmuseum, heeft aan dit onderwerp veel onderzoek gewijd. In een notarisakte van 1823 betreffende de verkoop van een knots vinden we voor het eerst een melding van zijn bestaan. De akte zegt het volgende: ... *een knotsschuit met alle zijne toebehoorten genaemd Franciscus Antonius van Antwerpen, groot twaaf starren ofte twaalf ellen Nederlandsche maate ende zoo ende gelijk hetzelve thans is liggende op de timmerwerf te Niel* ... Men was net overgestapt van voetmaten naar het metrische stelsel, de ellen en starren zijn even later meters geworden.

De knotsen werden op verschillende werven in het Scheldegebied boven Antwerpen gebouwd, zelfs op de werf van Van Damme te Baasrode. Uit de loonboeken van de werf blijkt dat in 1864 een zekere Peleman zijn knots voor een nazicht aanbiedt en later in hetzelfde jaar komt visser Pauwels met zijn knots op de helling. De eerste melding van nieuwbouw is 9 april 1870 en een andere op 3 december 1881. Het jaar daarop zijn er veel meldingen van knotsen, waarvan niet duidelijk is of het nieuwbouw of herstelling betreft, maar vanaf die datum tot 1893 wordt visserman Jespers een regelmatige klant van de werf. In het jaar 1886 komt ook een zekere Nooding met zijn knots naar de werf. De aanwezigheid van de knots op deze verafgelegen werf in Baasrode zou misschien een aanwijzing kunnen zijn dat hij ook op andere plaatsen dan Antwerpen een thuishaven heeft gehad.

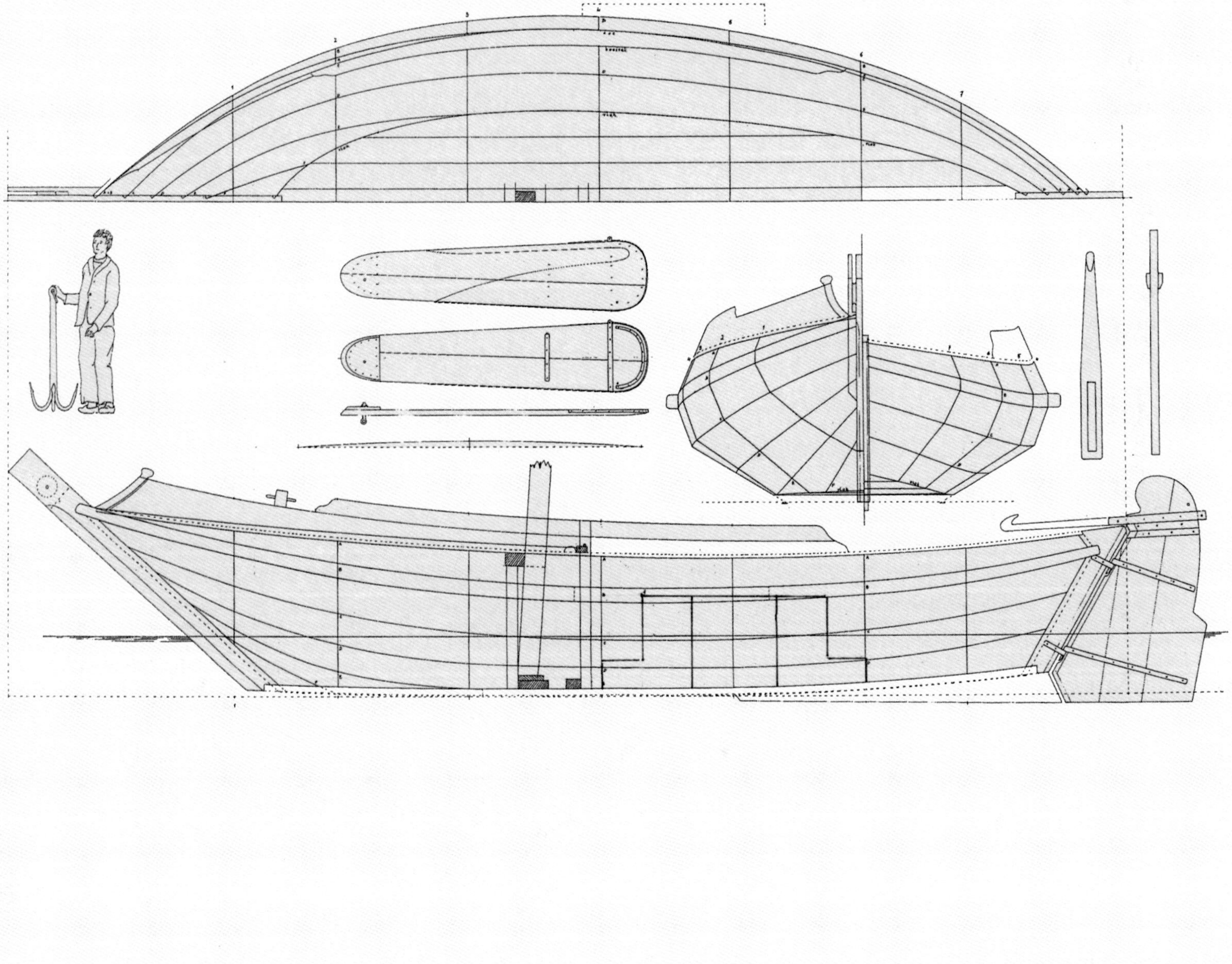

23. Schokker, romp

Tot ontsteltenis van velen zijn te Baasrode voor het transport van levende paling vanuit Nederland naar Vlaanderen in de 18e en het begin van de 19e eeuw andere schepen dan botters gebruikt. Het eerste grootboek van de scheepswerf Petrus Franciscus Van Damme, uit 1840, vermeldt de namen van een viertal handelaars die geregeld met schokkers de helling opgingen voor onderhoud. Van dit schip is echter bitter weinig gekend. De vorm is zoals vanzelfsprekend in de loop van zijn bestaan geëvolueerd, gegroeid en aangepast. Daarom is een beroep gedaan op een archetype dat plaatselijk, in de omgeving van het eiland Schokland, bekend stond als de Vollenhovense schuit.

Petrus Jacobus Vincentius Maria Sopers vond het ergens langs een sloot en heeft het in het begin van de 20e eeuw opgemeten en getekend. De lengte van het schip bedraagt 10,75 m en de breedte op de berghouten is 3,78 m. De verhouding van de breedte tot de lengte bedraagt ongeveer 2,9, wat aan de brede kant is, maar daar zit natuurlijk de beperkte lengte van het schip voor iets tussen. Grotere schokkers zijn doorgaans wat smaller. De gewone schokker had een lengte van 13 m. De grotere schokkers met een lengte van 15 m konden buitengaats vissen. Voor zwaardere taken bij loodsdiensten, het leggen van tonnen en de marine kon de lengte oplopen van 18 tot 19 m.

Het vlak van de kleine schokker heeft de vorm van een scherpe, smalle ellips. De zandboorden of neerboorden, zoals men die in Nederland noemt, vallen zeer breed naar buiten en schuiven iets onder de bovenste, maar onvoldoende om er overnaads werk van te maken. De berghouten zijn zwaar en buigen flink door. De boeisels vooraan vertonen een spectaculaire uitvoering, het speciale kenmerk waaraan men een schokker op het eerste gezicht kan herkennen. Ze landen niet in de sponning van de voorsteven, zijn daar hol uitgezaagd, afgewerkt met een berentand en aan de binnenzijde voorzien van een dwars staand bord om de zijden te steunen. Achteraan eindigen de boeisels op een ogief.

De voorsteven bestaat uit een sterke, rechte, tamelijk naar voren vallende balk die soms iets gebogen kan zijn, afhankelijk van de werf waar hij vandaan komt. De kop van de voorsteven is haaks afgewerkt en aan stuurboordzijde voorzien van een snoes, een lange plank met een inkeping aan de binnenzijde waarin een grote schijf staat opgesteld voor het grondtakel van de dreg. De achtersteven valt minder en de achterzijde van het roer staat verticaal. Het roer is breed en de zwaarden lang en smal, dus bestemd voor ruw water.

24. Schokker, zeilplan

Daar Petrus Jacobus Vincentius Maria Sopers een grondige opmeting van de mast en alle rondhouten heeft gemaakt, was het mogelijk de zeilen van het schip te reconstrueren. Over een kluiverboom spreekt hij niet. Ondanks de kluiver altijd een belangrijk onderdeel van een volledig zeiltuig is geweest, zullen we het hier moeten missen. De belangrijkste zeilen zijn aanwezig. Voor de mast staat een zeer grote stagfok. De hoek van de schoothoorn staat een heel eind achter de mast en wordt bevestigd aan een tweetal halve klampen die gemakkelijk los te maken zijn. Want die schoothoorn wordt bij overstag gaan manueel voor de mast naar de andere zijde van het schip gebracht. Om de kracht te verdelen, staat voor de mast een overloop met een tussenschoot op de onderzijde van het onderlijk. Het zeil is voorts voorzien van een enkele reef. Het grootzeil, het grootste, hangt boven aan een kort gekromd gaffeltje en beneden staat het op een giek met losse broek. Het grootzeil is voorzien van twee reven.

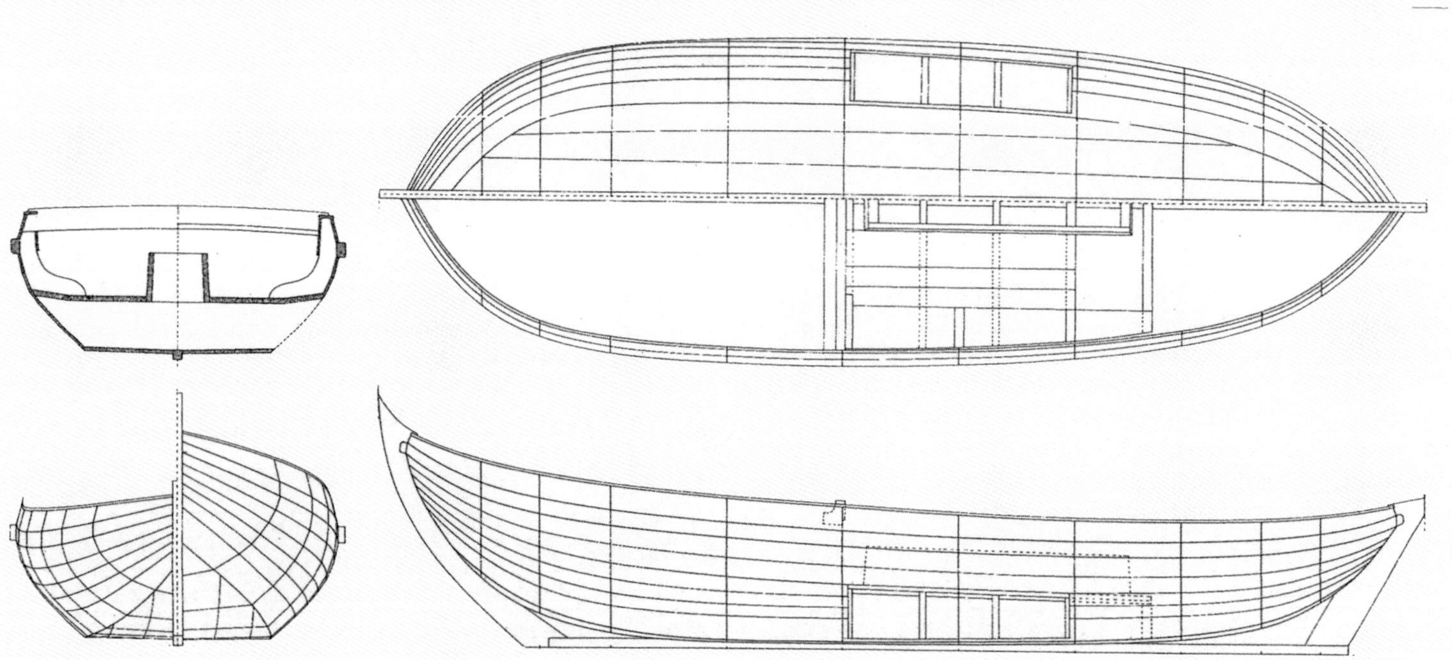

25. Palingbotter, romp

In de periode 1848–1849 vindt er bij de groothandelaars in paling te Baasrode een verandering plaats. Twee palinghandelaars, een zekere Lehardy en Pieter Verheyen komen voor het eerst met tweedehandsbotters op de helling van de scheepswerf van Petrus Franciscus Van Damme. Later verandert ook de familie Muijs het geweer van schouder. Degent verdwijnt van het toneel maar wordt onmiddellijk vervangen door andere kandidaten. De schokkers verdwijnen, behalve die van de familie Verheyen. Pieter Verheyen werkt voortaan met zijn botter en laat de schokker over aan zijn oudste zoon, die hem op zijn beurt overdraagt aan zijn kroost. Zo blijft de schokker in de vaart, te midden van de botters, en dat tot na de laatste helling die hij kreeg in het jaar 1894.

De botter beschikte over een grotere bun, was sterker van constructie en was, zoals men toen zei, meer schip. Zoals het de schokkers in vorige eeuwen verging, zo verliep het ook met de botters. Er ontstonden verschillende soorten, afhankelijk van de werf waar ze vandaan kwamen of waar ze hun thuishaven hadden. Men kende marker-, enkhuizer-, harderwijker-, huizers- en urkerbotters. De gewone botters hadden een lengte over de stevens van ongeveer 13 m. Naast die soorten ontstond een grotere, de kwak, met een lengte van 16 tot 17 m. Die kreeg bij de palinghandelaars de voorkeur.

Zeebotters kon men gemakkelijk onderscheiden van de andere door de aanwezigheid van een waterdicht dek over de volledige lengte van het schip. Vanwege hun zeewaardigheid kwamen ze ook in dienst bij het loodswezen als tender voor de loodsen tussen de wal en het grote zeilschip dat blijvend op zee de wacht hield. Ook de Nederlandse marine maakte ooit gebruik van de botter. De lengte van die schepen lag tussen de 17 en 18,5 m. Die schepen hadden geen bun en waren binnenin voorzien van ballast.

Het besluit een palingbotter te bouwen, is op een bepaald ogenblik in Baasrode heel levendig geweest. Men is toen begonnen met een project dat nog altijd loopt. Samen met de School voor Scheepsmodelbouw heb ik toen besloten het schip op te meten en te tekenen, als aandenken. Het resultaat zie je op de afbeelding. De lengte van deze botter bedraagt 16,17 m.

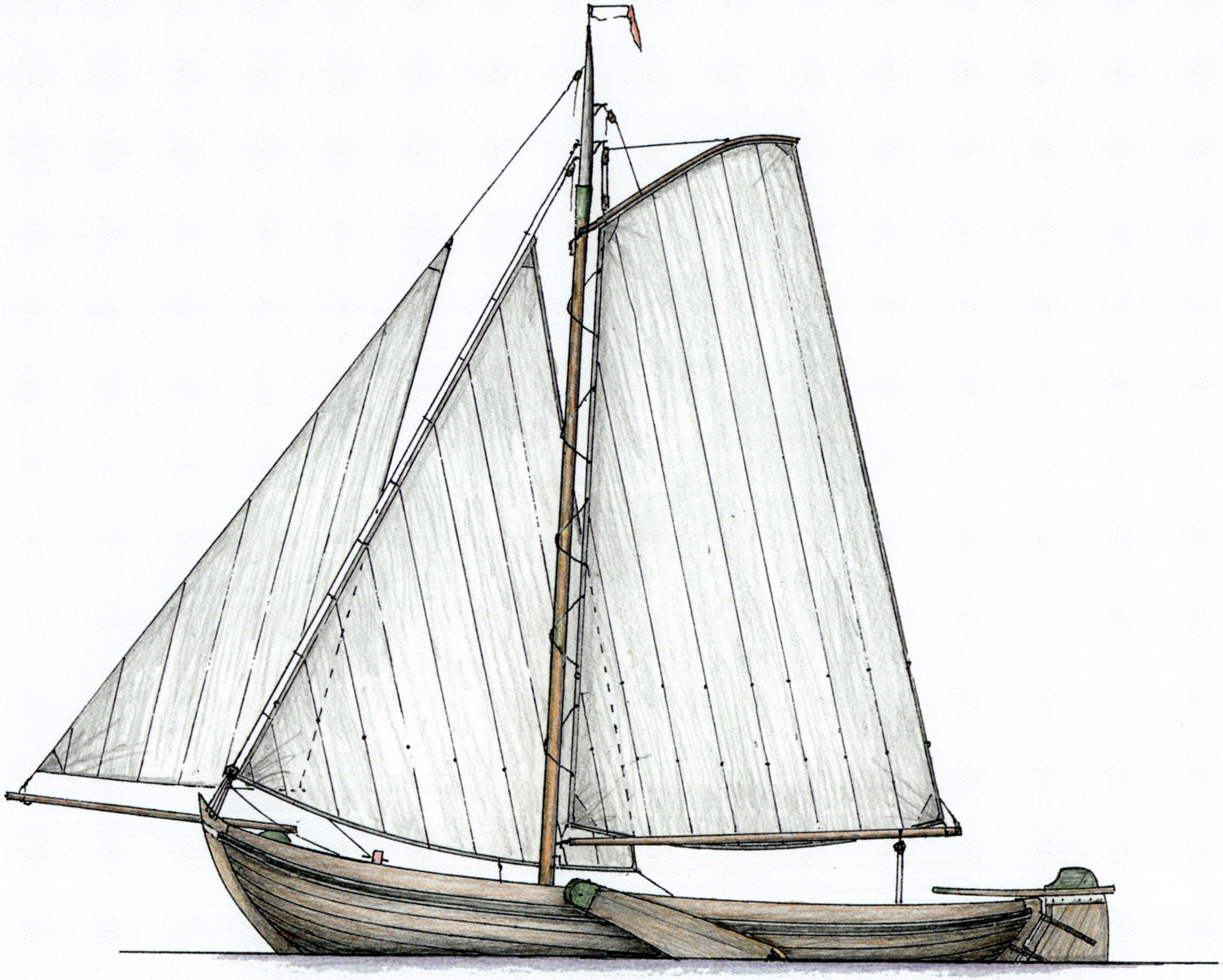

26. Palingbotter, zeilplan

De voorstelling op de prent is een reconstructie van het zeiltuig voor de palingbotter in aanbouw op de Scheepswerven Baasrode. Zij toont drie zeilen. Op de kluiverboom vooraan voert ze het kleinste zeil, gevolgd door een zeer grote fok, een stagfok genoemd. Omdat de schoothoek tot ver achter de mast reikt, is haar oppervlakte aanzienlijk en evenaart het zeil bijna de grootte van het hoofdzeil. Die uitvoering vergt de hulp van een tussenschoot op het zeil voor de mast. Het wordt in bedwang gehouden op een overloop omdat bij een matige wind de grote lap bij het overstag gaan gewoon niet in de hand te houden is. Het grote zeil achter de mast is eveneens een kanjer, opgehouden aan een gekromde gaffel en neergehouden door middel van een giek met een stel dubbel geschoorde blokken. Visbotters maken gebruik van nog andere zeiltypes, maar daaraan hebben de palingbotters geen behoefte. In Vlaanderen was het de gewoonte de zeilen blank en onbehandeld te laten.

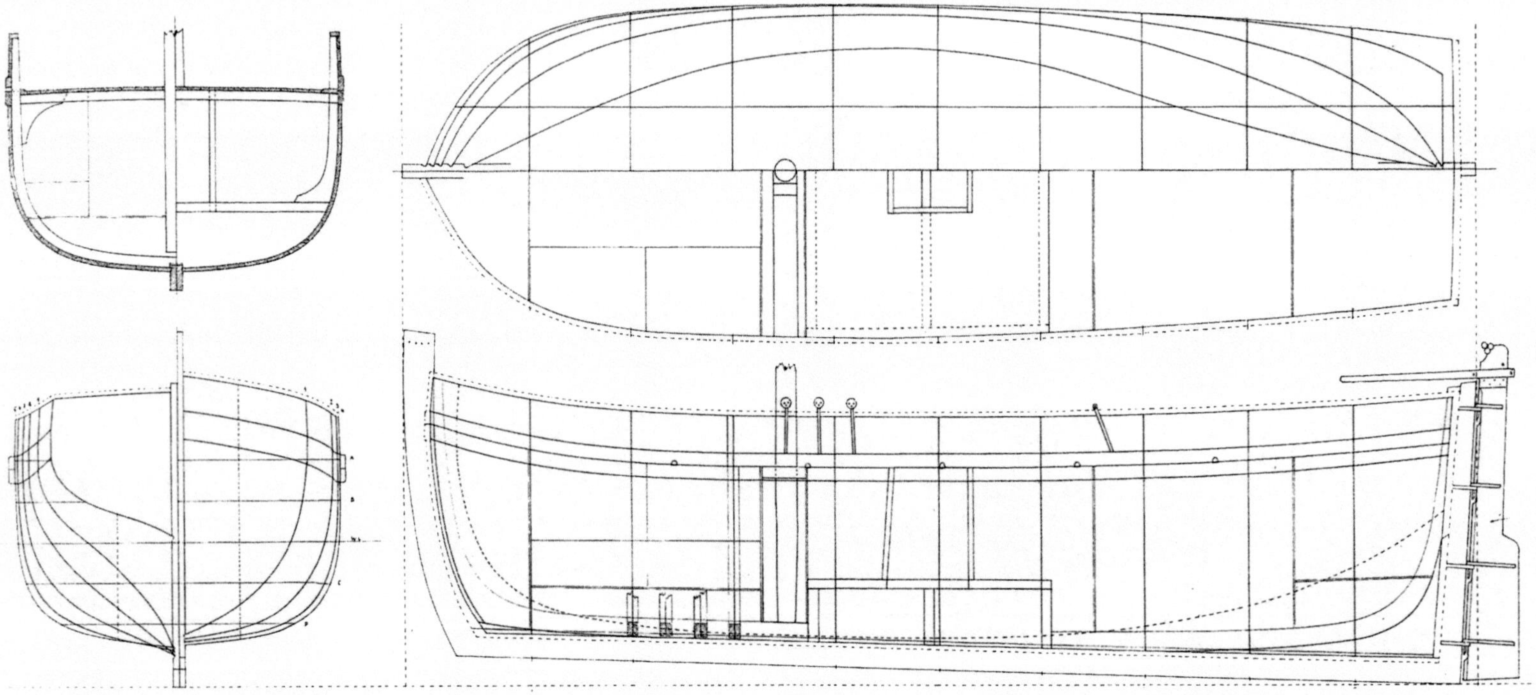

27. Antwerpse sloep, romp

De haven van Antwerpen is vanaf het jaar 1838 tot 1895 de thuishaven geweest van een stel sloepen waarmee de hoogzeevisserij werd beoefend op de Doggerbank en meer noordelijk rond de Shetlandeilanden en de Faeroër, tot zelfs voor de kusten van IJsland. Zij visten hoofdzakelijk op kabeljauw en haring. Over het juiste aantal schepen te Antwerpen zijn de bronnen het oneens. De vermeldingen liggen tussen de 13 en de 30 exemplaren. Maar als men oude foto's van de haven bekijkt, lijkt het eerstgenoemde aantal beter te passen. Die visserij werd vanzelfsprekend ook aan de Vlaamse kust uitgeoefend met schepen van ongeveer dezelfde soort. Het aantal lag daar veel hoger en bereikte een 160-tal exemplaren. In dat aantal zitten ook enkele grotere schepen zoals schoeners. In het jaar 1838 voer te Antwerpen een vissersloep voor het eerst de haven uit naar de visserijgronden. Ze was het eigendom van de rederij Van Baelen en Co.

Een van de bouworders is teruggevonden in de bibliotheek van het voormalige Nationaal Scheepvaartmuseum te Antwerpen. De aanhef luidt:

Dimentien tot het bouwen.
Conditie eener visschersloep voor de Heren Van Bael & Co te Antwerpen

Door P.F. Van Damme te Baesrode

Lengte van de kiel	*68 voet of 18,77 meter*
Breedte op de berghouten	*21 voet of 6,78 meter*
Diep van den kiel tot onderkant deken	*4 voet of 1,10 meter*

Als men bij de lengte van de kiel de val van de voorsteven met zijn afronding en de val van de achterspiegel bijtelt, komt men tot een totale lengte van een twintigtal meter. Van uitzicht en constructie verschilde de bouwwijze van de kust en het binnenland van elkaar.

Aan de kust was de voorboeg scherp en werkte men met samengestelde dubbele spanten die na plaatsing op de kielbalk werden bekleed met de huidplanken. Die werden niet naast elkaar gelegd, zoals algemeen gebruikelijk was, maar met een opening ertussen die pas later opgevuld werd.

In het binnenland ging het net andersom. Na het plaatsen van de kiel en de stevens begon men onmiddellijk met de beplanking die karveelsgewijs naast elkaar liggend werd geplaatst en tegelijk gesteund met wrangen en inhouten die elkaar overlapten, net zoals men de binnenschepen bouwde. Die laatste onderdelen waren dikker dan het hout van de samengestelde spanten. De voorboegen waren stomper en achteraan eindigde de romp op een spiegel, de ene diep met de basis op de kiel, de andere hartvormig met de basis net boven water of zeer breed en hoog, afhankelijk van de bouwwijze op de scheepswerf.

Andere binnenlandse rederijen waren Jacques Van Den Bemden en weduwe Van den Bemden. Sommige vissers waren eigenaar van hun sloep. Van enkelen zijn de namen gekend, zoals Sibick, Goossens, Correwijn, Verheyen en Maijers.

.

28. Antwerpse sloep, zeilen

De zeilschepen beschikten nog niet over een motor. Ze waren des te beter uitgerust met een uitgebreid zeiltuig. Het schip is uitgerust met een niet te hoge mast, best geschikt voor een klein vissersschip dat in het ruwste en koudste deel van de Noordzee zijn werkzaamheden moest volbrengen. Achter de mast voerden ze een grote lap zeil, opgehangen aan een lange, rechte gaffel en onder uitgehouden door een giek die een eind voorbij het roer steekt. Naar gelang van het weer kon met drie reven zeil geminderd of bijgezet worden. Voor de mast werd een stagfok gevoerd, voorzien van een enkele reef en op een lange boegspriet een kluiver. Boven de gaffel vond men nog een groot topzeil, driekwart opgehangen aan een roe. Omdat de belangrijkste informatie betreffende de Antwerpse sloep berust op het scheepsmodel van kunstenaar Maurice Seghers, ligt het voor de hand dat we eveneens zijn zeilplan aanvaarden.

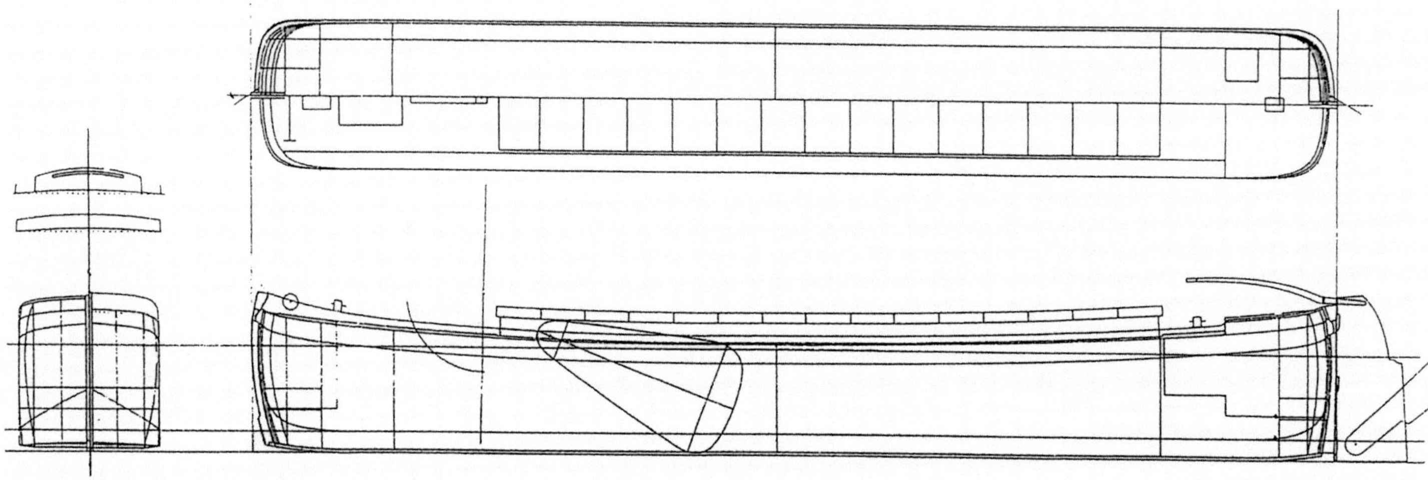

29. Baquet van Charleroi

Reeds in de middeleeuwen werd nagedacht over een gemakkelijke en goedkope manier om steenkolen uit de rijke steenkoollagen in de regio van Charleroi te transporteren naar het binnenland. Een rechtstreekse verbinding met Brussel werd onmogelijk gemaakt door een hoge bergrug. Na de val van Napoleon Bonaparte, onder het bewind van koning Willem I, kwam het project voor een rechtstreekse verbinding toch van de grond. Het voorstel van ingenieur Jean-Baptiste Joseph Vifquain werd verkozen. Hij dacht aan een klein kanaal met 55 saskolken, 44 aan de Brusselse zijde en 11 aan de zijde van het Maasdal.

Maar het belangrijkste object van heel de operatie was het schip dat voor het vervoer zou zorgen. Het moest in staat zijn 70 ton steenkool te laden. De lengte van alle saskolken zou overal hetzelfde zijn en 21,4 m op 2,7 m bedragen. Het smalle kanaal van 6 m breed zou een diepgang hebben van 2 m en 74,2 kilometer lang zijn. Om het aantal sluizen niet te overdrijven, moest de steile heuvel van Godarville doorboord worden met een tunnel en een jaagpad van 1.283 meter. De graafwerken begonnen in 1827 en reeds in 1832 werd het kanaal plechtig geopend. De dienst van Openbare Werken had op voorhand gezorgd voor 400 schepen.

De afmetingen van de baquet bedroegen officieel 19,3 m voor de lengte, een breedte op de berghouten van 2,6 m en een diepte, in het midden van de onderzijde van het vlak tot aan het gangboord, van 2 m. Met die afmetingen kon men echter geen 70 ton bereiken, zoals voorzien was, 68 ton was het maximum. Daarom spoorden de schippers de scheepsbouwmeesters aan verbeteringen aan te brengen. In de bestekken ziet men de lengtematen toenemen tot 19,5 m en de breedte tot 2,66 m. Ook de doorzakking van de zeeg verhoogde tot 2,11 m. Op die manier heeft men de tonnenmaat laten stijgen en zelfs overschreden. Het schip paste in de sluis als een hand in een handschoen.

Later bij de omschakeling van hout naar ijzer was het gemakkelijker de tonnenmaat te bereiken omdat de ijzeren wrangen en andere versterkingen veel minder ruimte in beslag nemen. De ijzerbouw heeft bovendien ook een ander type laten ontstaan. Alle afmetingen bleven wel gelijk, maar het uiterlijk was gelijk aan dat van een spits, men heette hem dan ook de spitsbak.

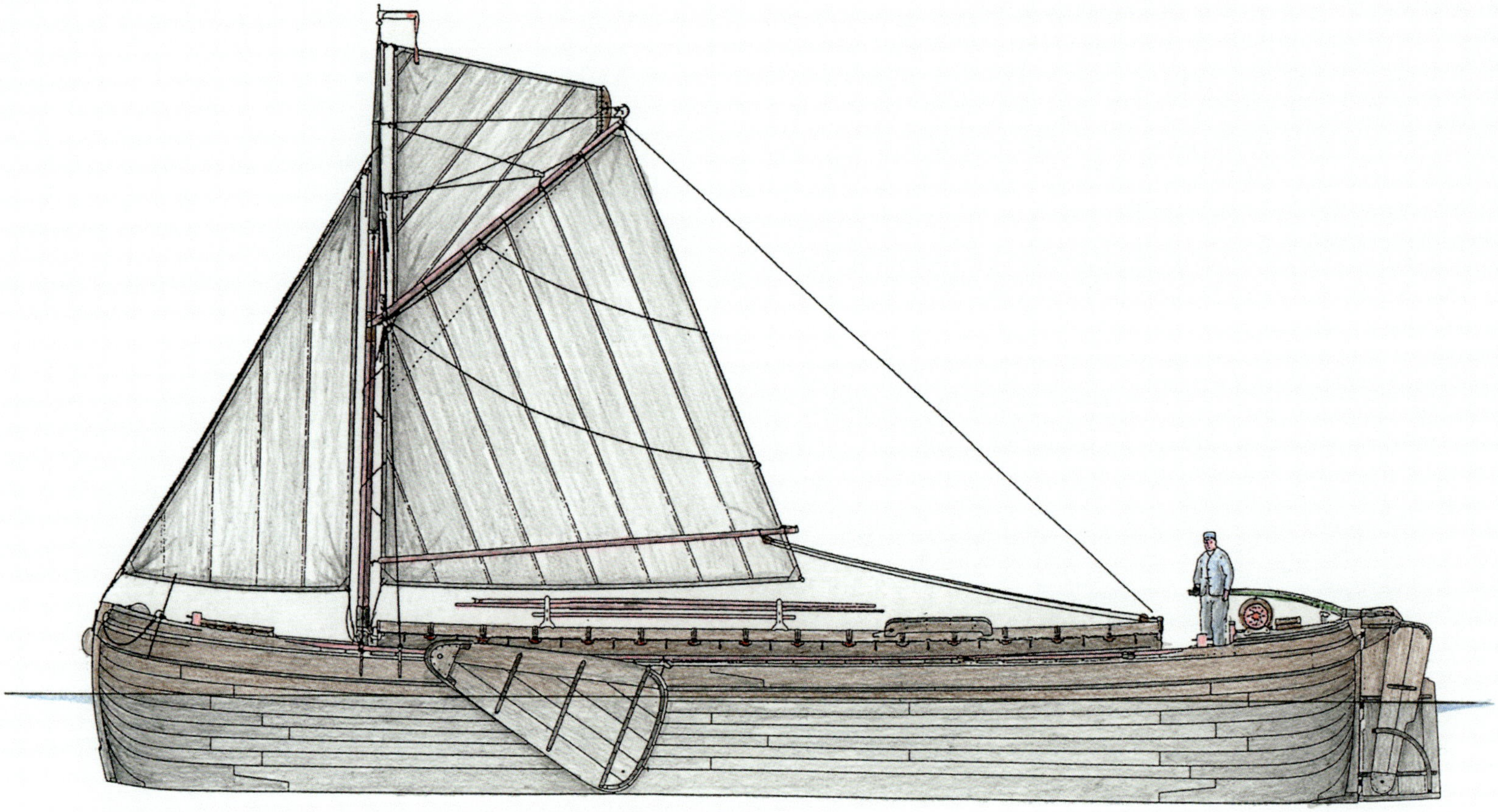

30. Baquet van Charleroi, met zeilen

Niettegenstaande voor de vaart op het kanaal een sleepdienst was opgericht, kon het schip zich ook op de Schelde of, aan de andere zijde van het kanaal, op de Maas wagen. Op die waterwegen was het echter nodig te beschikken over het nodige materiaal om zich zelfstandig te verplaatsen. In Vlaanderen bevond zich op de Rupel voor de sluis van Willebroek een bedrijf waar avontuurlijke schippers de nodige hulpmiddelen voor hun tocht konden huren, zoals twee zwaarden, ankers en een bijboot en eventueel ook zeilen.

Soms maakten schippers hun schepen aan elkaar vast voor de stabiliteit. Maar de stoutsten onder hen deden geen beroep op anderen. Het Scheepvaartmuseum van Antwerpen toonde destijds een foto waarop men twee baquets een sluis ziet uitzeilen, samen met andere schepen, de ene met bakstagwind en de andere in tegenovergestelde richting aan de wind schuin overhellend en met slechts één persoon aan het roer. De zeilvoering was natuurlijk in verhouding met de beperkte eigenschappen van het smalle schip en bestond uit een klein gaffelzeil, een stagzeiltje en zelfs een klein topzeil. In Wallonië zal het wel op dezelfde manier zijn gegaan.

31. Brikschip, romp

De handelsbrik is een klein zeewaardig vaartuig, een dwars getuigde tweemaster, voorzien van een groot gaffelzeil achteraan. Het is in de loop van de 19e eeuw op verschillende kleine scheepswerven langs de Schelde gebouwd. Te Baasrode is op de werf van Emmanuel De Landtsheer een brikschip op stapel gezet. Na de overname van de werf door Frans Van Damme is het onder zijn leiding afgebouwd en in het jaar 1827 te water gelopen. Een andere scheepswerf waar men in staat was scheepjes als een brik te bouwen, was die van Maes te Burcht. De kunstenaar Egide Linning heeft ooit een ets gemaakt van een brik liggende in een zate voor zijn werf waarvan men veronderstelt dat die daar gebouwd moet zijn.

Te Antwerpen op de linkeroever van de stroom bevond zich de kleine werf van Louis Retsin die enkele van die schepen in zijn opdrachtmap had zitten. Het Scheepvaartmuseum te Antwerpen was in het bezit van een viertal modellen van die werf. Het mooiste is na restauratie uitgekozen voor een opmeting en tekening. Dr. Gustaaf Asaert, gewezen rijksarchivaris, geeft in zijn studie *Van Willem de Cogmakere tot John Cockerill: zeven eeuwen scheepsbouw te Antwerpen* over de werf en de brikken veel bijzonderheden prijs die voorheen totaal onbekend waren.

Omgerekend moet de brik een lengte over de stevens hebben gehad van 32 m en een breedte in het midden op de huid van 8,4 m. Voor een zeeschip vertoont de romp een zeer gestroomlijnde vorm met vooraan en achteraan S-vormige spanten, vandaar zijn wendbaarheid. Hij is voorzien van een dubbel dek, wat hem in staat stelt zakgoederen, waaronder granen, op een veilige manier te verstouwen. De huid begint vanaf de zijkimmen in dikte toe te nemen tot aan de reling en maakt dikke berghouten overbodig. Op het achterbord staan enkele opschriften die bepalend zijn voor de herkomst van het model of de bouw van het werkelijke schip. Linksboven de naam *I. Retsin* en rechts aan stuurboord de jaartallen *1857–1862* die verwijzen naar de kleinzoon Louis Retsin. Helemaal aan de onderzijde van het achterbord staat in kleinere letters aan bakboord *Appelmans* en aan stuurboord *Anvers 1860*.

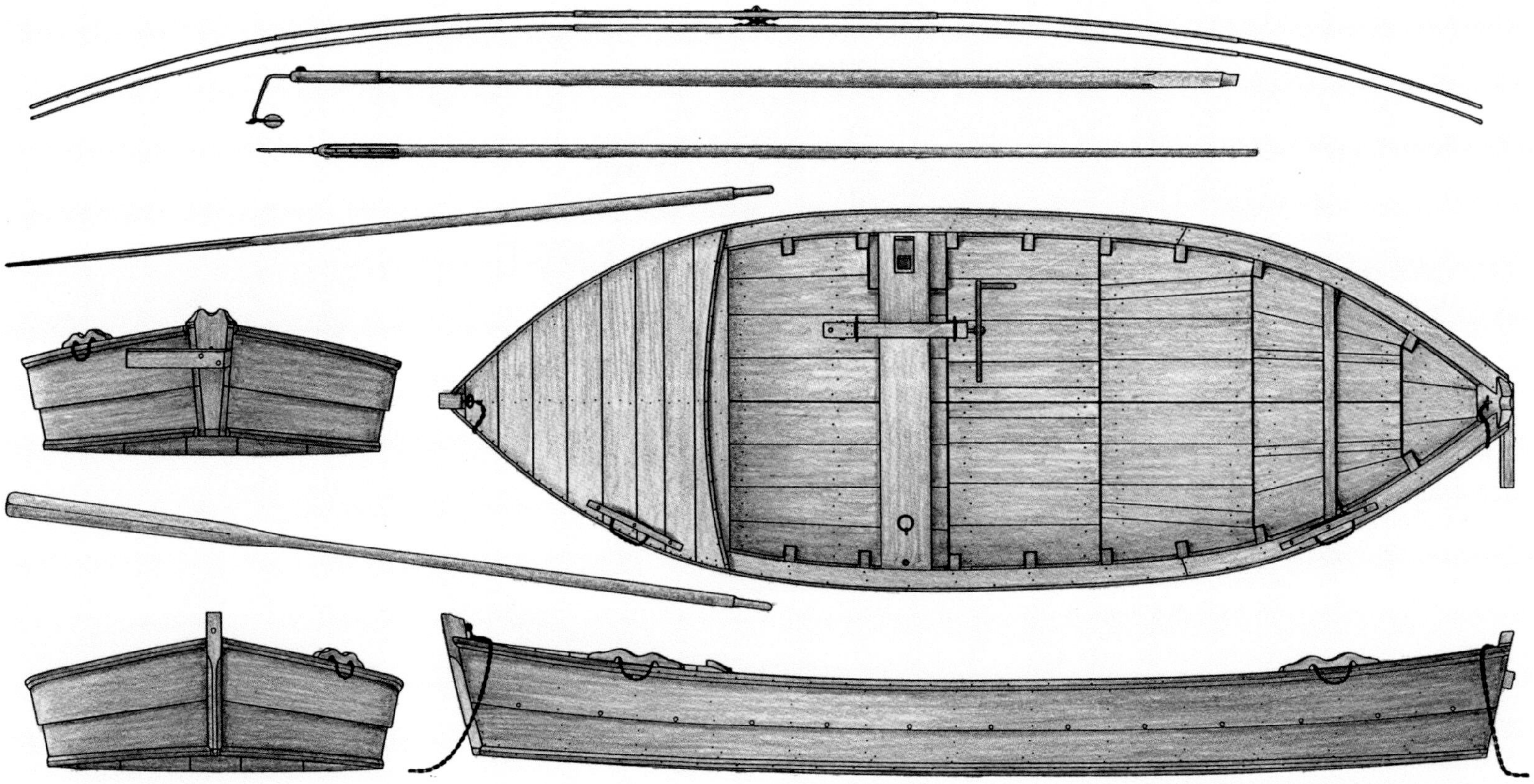

35. Nieuwpoortse palingboot

De naam vertelt het al. Het was een visboot van de kust. Geen boot die de zee opging, daarvoor was hij niet mans genoeg. Hij bleef binnen de remmingswerken van de haveningang, in de nabijheid van de IJzersluizen, waar hij langs de oever of op een ondiepte afgemeerd lag aan twee zeer lange staken. Die werden door grommers gestoken en vervolgens diep in de modder gedreven, zodat de boot roerloos op zijn plaats bleef liggen. Hij beschikte over een groot kruisnet dat bediend werd met of door middel van een lier op de doft.

Voor de lier stond aan een van de zijden een kraanarm, voorzien van een éénschijfsblok om het net op en neer te laten. Als het net geaasd was, werd het op de bodem neergelaten en pas na enkele uren weer opgehaald, de vangst gesorteerd en opgeborgen, waarna dezelfde handeling werd herhaald. Vissen met het kruisnet was bij voorkeur nachtwerk. 's Morgens werd de vangst opgekocht door de omliggende restauranthouders en particulieren. Na de Tweede Wereldoorlog is die visserijvorm langzaam uitgestorven.

De boot was in de regel groter dan de gewone schippersboot. Het opgemeten exemplaar is een van de laatste die in bedrijf zijn geweest en is nu beschermd als nautisch erfgoed. De voornaamste afmetingen zijn als volgt: lengte over de voorsteven en de spiegel 5,91 m en de breedte 2,09 m. De bouwwijze is identiek aan die van de schippersboot.

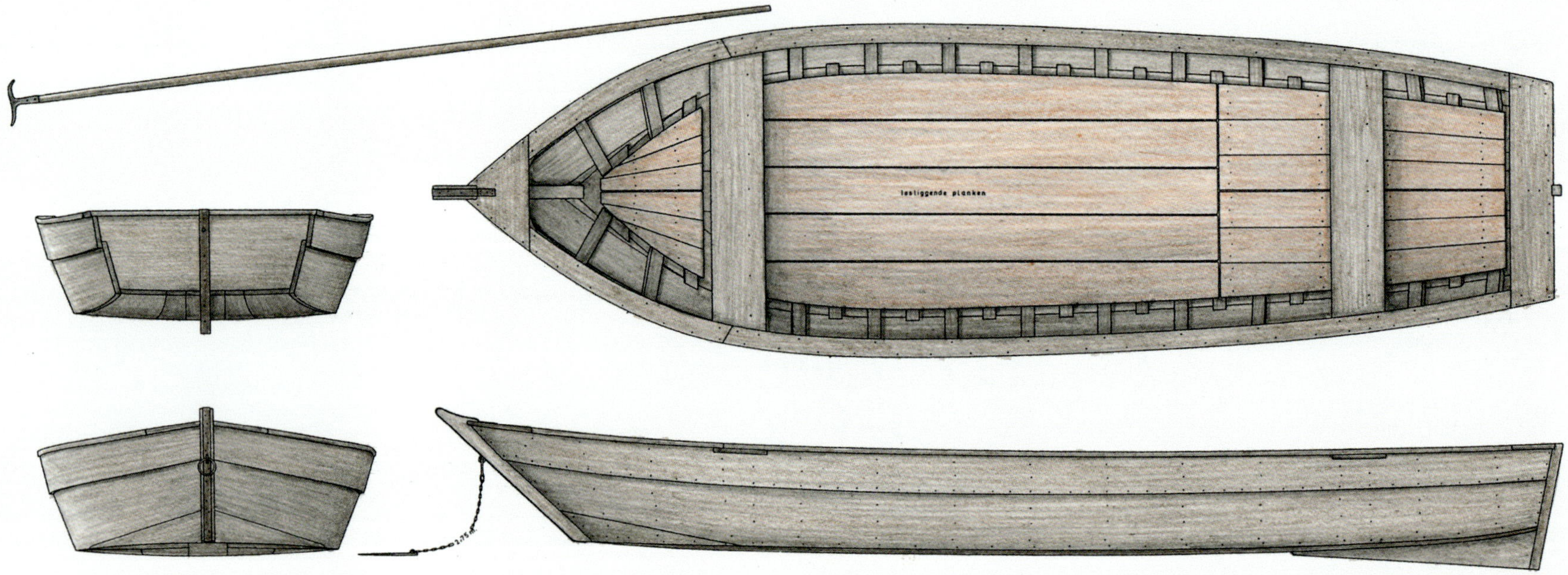
losliggende planken
2,75 m.

36. Broekschuit

De broekschuit is een echte boerenboot. Hij werd in de eerste plaats gebruikt in het broek van de Sint-Onolfspolder te Dendermonde, een laaggelegen oppervlakte, ingesloten tussen de monding van de Dender en de Schelde. In het droge seizoen werd de polder doorkruist door vele geulen en kanalen en in de winter, als de sluizen opengingen, stond alles onder water en zorgden eb en vloed voor een grote toevoer van vruchtbaar slik. Eens de winter voorbij, gingen de sluizen weer dicht en ontkiemde op de droge gronden het hooigras dat de boeren van het broek in de zomer gingen oogsten en met hun broekschuiten naar de afnemers aan wal brachten. De grote afnemers waren hoofdzakelijk de vuilruimingsdiensten van de steden en het leger, die een groot aantal paarden te verzorgen hadden. Op sommige percelen kon men ook aardappels en groenten winnen, andere percelen werden gereserveerd als grasland voor enig vee. Het behoeft geen betoog dat in het afgelegen broek de boeren hun armmoedig bestaan aanvulden met wat ze in de geulen aan paling en andere vis konden stropen.

Een van de bewoners van het broek heeft zijn afgeleefde broekschuit aan de Scheepswerven Baasrode geschonken. Zij was nog gaaf genoeg om opgemeten te worden en in tekening te brengen. Zij is 5,64 m lang en 1,70 m breed en heeft alle kenmerken van de Vlaamse boot, in de eerste plaats het gestapelde en bolle vlak, de rechte, vallende voorsteven en de brede achtersteven. Het bovenste boord van de twee schuinstaande zijwanden ligt overnaads. Het is samen met de koppen van de inhouten afgedekt met brede dolboorden. Op hetzelfde niveau als de dolboorden liggen voor en achter kleine plechtjes. Dolboorden en plechtjes zijn voldoende breed om gebruikt te worden als gangboord, terwijl het voorplechtje op de neus een geschikte plek was voor degene die met een lange haak de boot langs de oever voorttrok, torenhoog volgeladen met hooi. Onder elk van de twee doften staat een waterdicht schot. De gehele bodem was bedekt met vloerplanken.

Deze boten deden ook dienst op de Schelde, hetzij als werkboot bij de koopbotters of als veerboot. De eerste is te zien op foto's met voor anker liggende botters op de rede voor Baasrode en een andere is te vinden in een opmeting van Emmanuel De Landtsheer die ooit een afgedankte veerboot van dat type op zijn werf had liggen en hem daar opgemeten heeft.

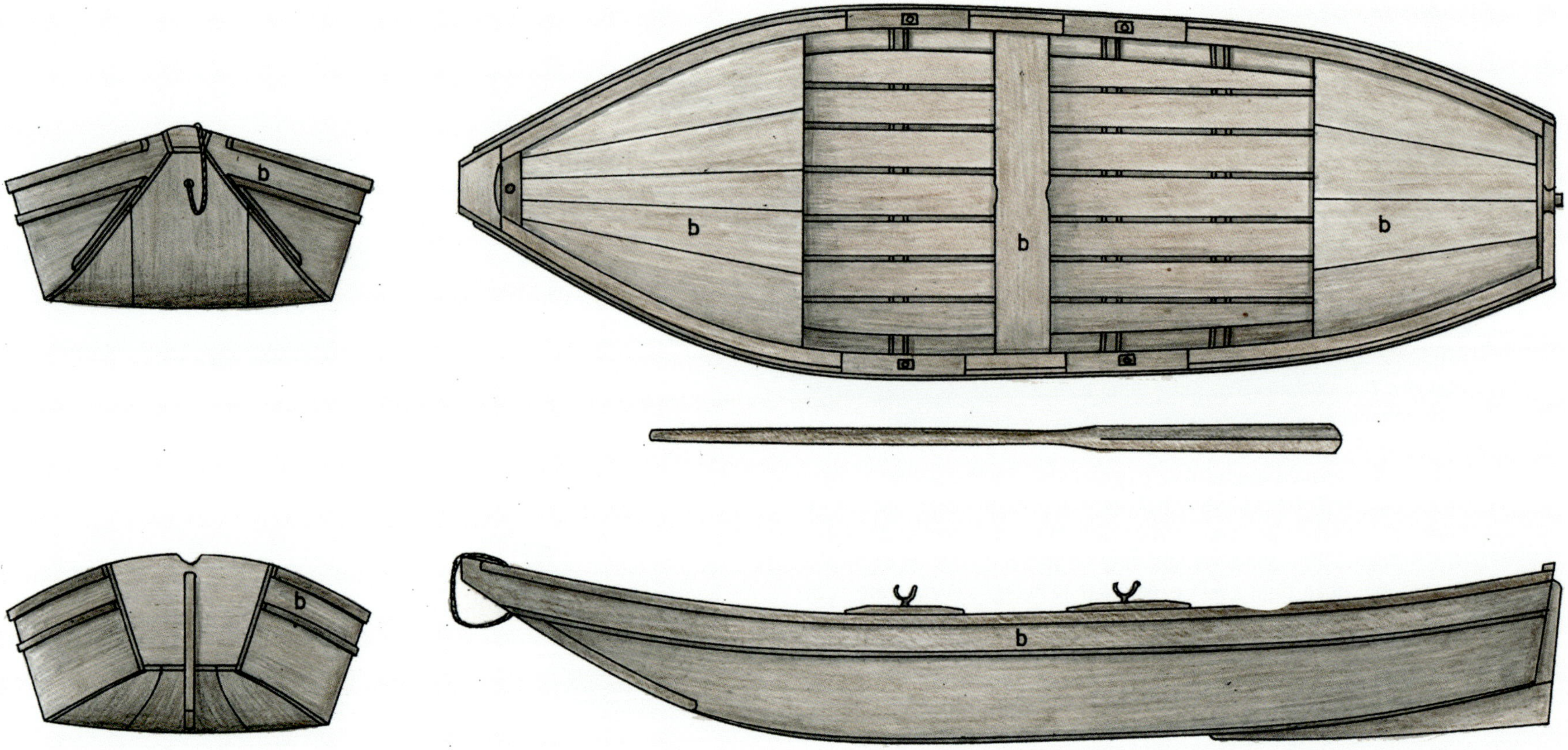
b
b
b
b
b
b

38. Walenboot, aakvorm

De populairste schippersboot van Wallonië had een aakachtig voorkomen. Net als het andere type met de vallende voorsteven, was de bodem in het midden lichtjes bol gezet, maar achteraan en vooraan, waar de planken van het vlak opbuigen, verdween die ronding, het opgebogen gedeelte was daar volledig plat. De planken van het vlak en de zijboorden kwamen vooraan samen op een klos. De klos was een vast onderdeel van alle Belgische en Franse aakvormige schippersboten. In het midden van de klos werd een verticaal gat geboord voor het plaatsen van een ruime grommer, een ronde strop zonder eind gemaakt van een touwstreng, om er het sleeptouw of de landvast aan te bevestigen. Het schijnt een zeer plaatselijk gebruik te zijn geweest, want het is op geen enkel ander boottype weergevonden.

Constructief heeft hij alle kenmerken van de vorige Waalse boot. Hij is uitgerust met een stel roeidollen en in de spiegel is aan de bovenzijde een halfrond gat gemaakt voor de wrikriem. Deze boot behoort tot de collectie van het Museum aan de Stroom te Antwerpen en is ter plaatse opgemeten.

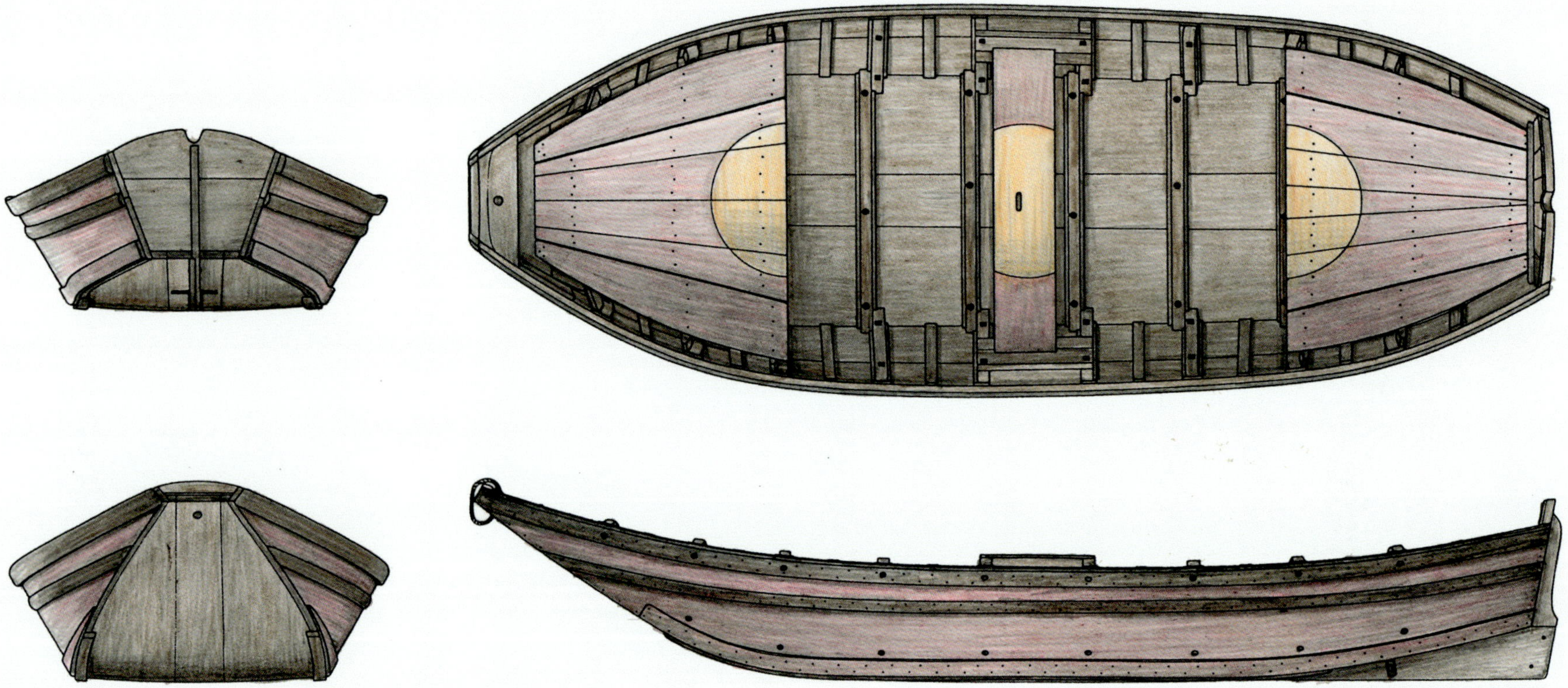

39. Walenboot, Franse oorsprong

Verschillende kleine werven in het noorden van Frankrijk hebben een aandeel gehad in wat wij hier in Vlaanderen een walenboot heten. De voorgestelde boot is van Franse makelij. Een Franse schipper aan wie de tekening werd getoond, herkende hem onmiddellijk als een product van een scheepsbouwer te Bassin Rond, nabij Estrun tussen Valencijn en Kamerijk. De mooie, uitbundige lijnen en de aparte constructie waren voor hem doorslaggevend. Op deze boot zijn geen dolgaten of pennen voor riemen gevonden, wel een sleuf in het midden van de doft voor een grommer. Enkel een wrikgat in de achterspiegel laat vermoeden dat de wrikriem en de bootshaak de enige middelen van voortbeweging zijn geweest.

De spiegel is samengesteld uit twee lagen hout, de buitenste laag liggend en de binnenste staand en met koperen klinknagels aan elkaar verbonden. De koppen van de inhouten zijn boven aan de romp haaks afgezaagd, zodat de binnenzijde van het hout heel in het oog springend naar boven uitsteekt. Alle wrangen en inhouten liggen op latten en zijn met dunne wagenboutjes aan de huid bevestigd. Buiten de brede berghoutlat bovenaan en de naadlat van de zijboorden is aan de kim nog een aantal korte, supplementaire versterkingen aangebracht en zijn de middelste delen van de plechten als een paneel wegneembaar uitgevoerd.

Het schippersbootje geeft een zeer verzorgde indruk. Het lag de eigenaar zeer nauw aan het hart, want hij heeft erin een vloer of buiting gelegd en de beschildering is helemaal niet mis. Het is de bijboot geweest van de walenbak Céphée die momenteel nog onder het afdak ligt naast het Steen te Antwerpen.

40. Nacelle

In de botenverzameling van het Museum aan de Stroom te Antwerpen lag ooit een eigenaardig bootje. Het was afkomstig uit de Maasstreek. Het is lang en smal en de koppen zijn afgewerkt met liggende borden die buiten de huid steken, zoals men dat ook ziet op andere maasschepen zoals de hema en de majol. Ter plaatse heette men het een pletay. De afmetingen zijn: lengte 5,95 m, breedte 1,18 m en diepte 0,36 m. Hij behoort tot de laatste die zijn gebouwd.

Het is de afstammeling van een oud ras. Het gaat terug tot de vroege middeleeuwen toen de Maas nog een natuurlijke rivier was zonder sluizen en ingrepen om het waterpeil constant te houden. Toen had de scheepvaart nog te maken met een zeer veranderlijk waterpeil, in het droge seizoen laag met veel ondiepten en bij aanhoudend regenweer onstuimig. Grote schepen werden in het droge seizoen begeleid door een sleep nacelles die voor de drempels op de rivier, goederen van het grote schip overnamen om de diepgang te verminderen, zodat het zijn reis verder kon zetten. Lukte dat niet dan ging het grote schip voor anker en wachtte op de stijging van het waterpeil terwijl de kleine nacelles de overgenomen goederen intussen naar hun bestemming brachten.

De nacelle is een open boot, zonder plechten of luiken. Hij bestond in alle maten, zeer kort om te dienen als schippersboot, veel langer, breder en sterker om te helpen bij baggerwerken of het overzetten van personen en goederen. Het is bekend dat zelfs boeren ervan gebruik hebben gemaakt, voor het verplaatsen van vee naar de graasweiden. De boot voortbewegen deed men met de boothaak, de vaarboom of de rave, een lange boom, op het einde voorzien van een dwarsstaand plankje.

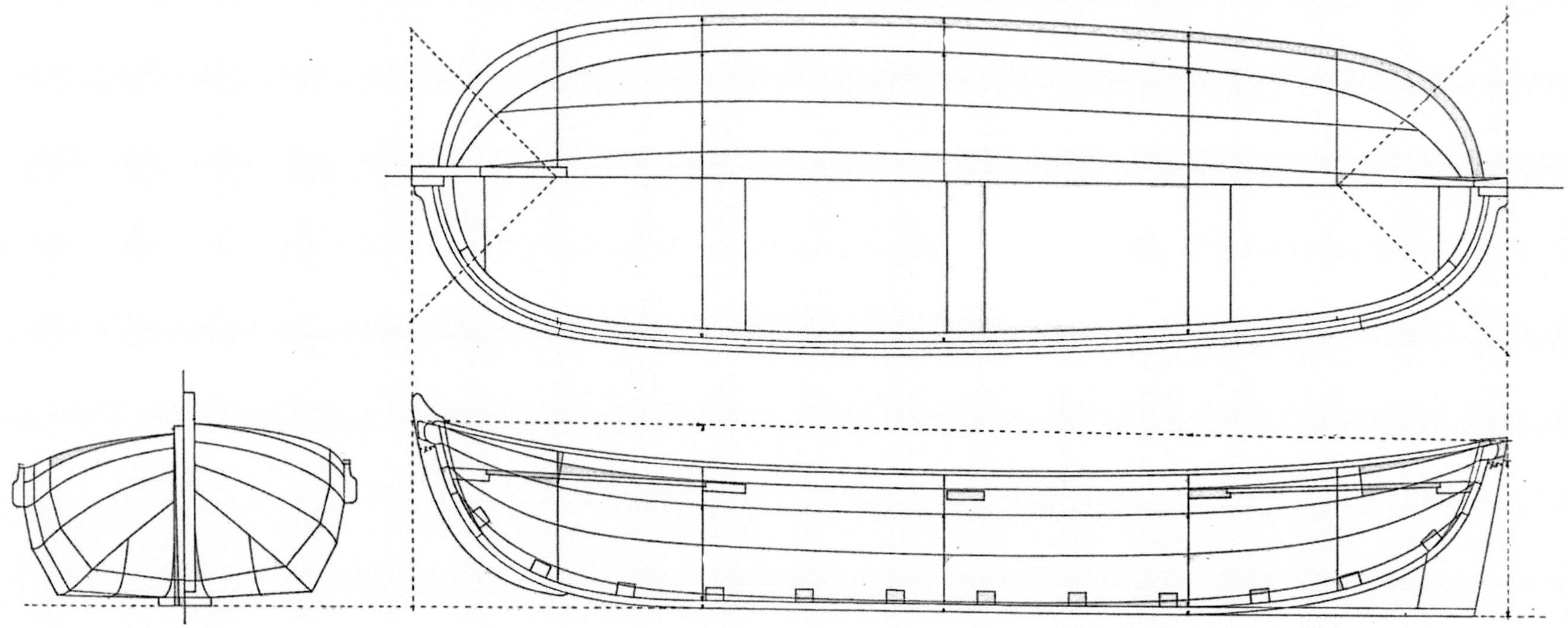

41. Schippersboot, begin 19e eeuw

In het opmetingenboek van Emmanuel De Landtsheer zijn zestien nota's te vinden van schippersboten met een lengte tussen 4,42 m en 5,24 m. De voorgestelde boot voor Jacobus Ceulemans was de grootste. Zijn breedte op de berghouten bedroeg 1,70 m en de diepte 0,64 m. Hij werd in het jaar 1802 gebouwd. Wat opvalt in het verslag zijn de afmetingen van het hout. Zo is de huid maar even 3,8 cm dik, de wrangen 8,8 cm en de inhouten 7 cm. De afmetingen van boegen berghouten moeten we missen, maar die zullen wel in verhouding geweest zijn met die van de genoteerde onderdelen. Boven de berghouten is rondom een dolleboord aangebracht dat de koppen van de inhouten overdekt.

Al dit zware hout heeft natuurlijk invloed op de vorm van de romp. Het vlak is breed, de boegen vol en kort en het vlak tussenin ligt gestrekt. Het zullen geen gemakkelijke boten geweest zijn om mee te werken. Voor de rest is hij gebouwd zoals de Brabantse boten van latere datum. In het bestek van een bovenschip van de Dender vinden we voor de eerste maal de bestelling van een lichte Brabantse schippersboot in de volgende bewoordingen: ... *een logte Brabantse boot zestien voe*t. Kennelijk begonnen de grote, zware boten in de belangstelling van de schippers te dalen. Het is tevens de eerste melding waar het type van de schippersboot bij naam wordt genoemd.

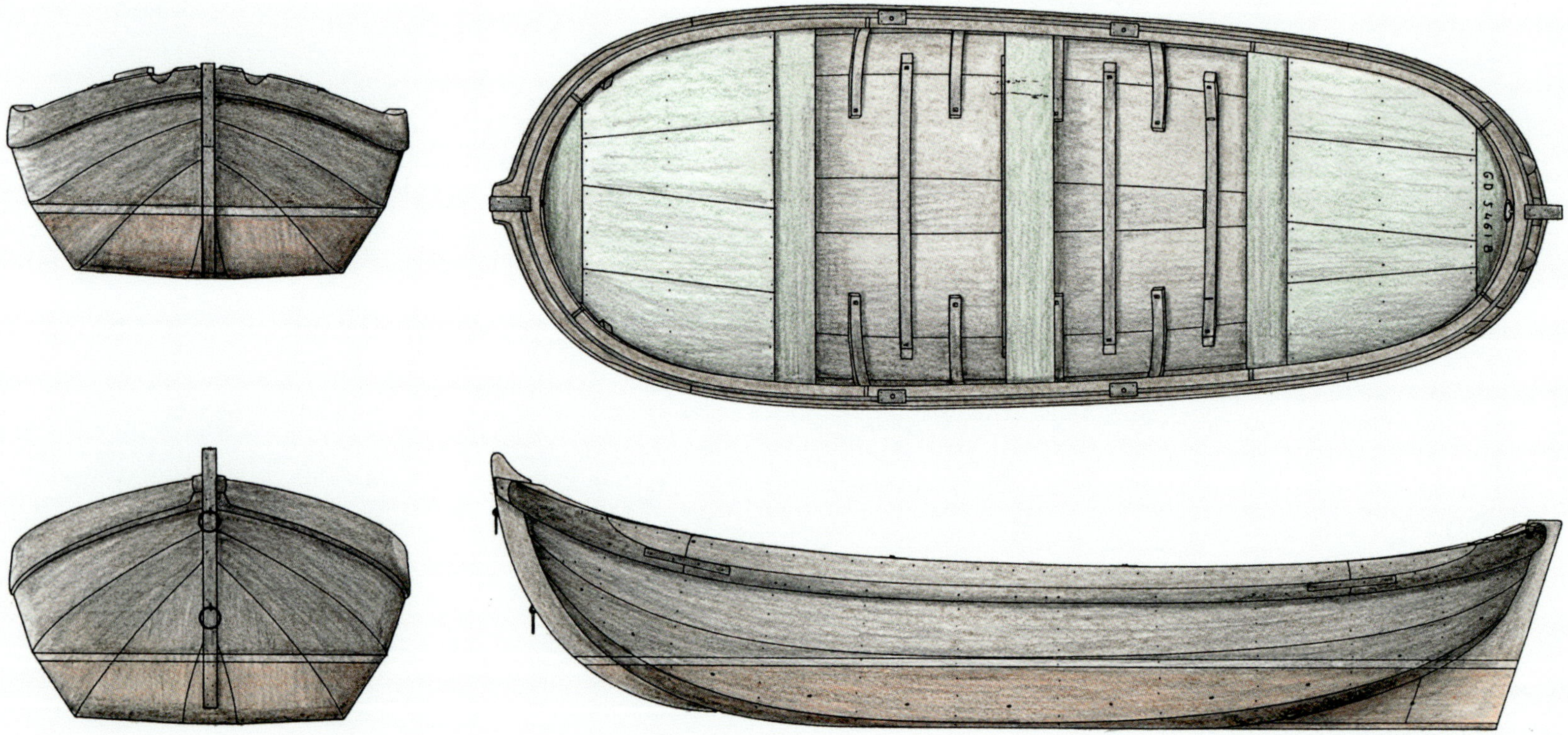
GD 54618

42. Brabantse schippersboot, later type

De Brabantse schippersboten zoals we die nu kennen zijn veel lichter dan die uit de 18e en het begin van de 19e eeuw. De dikte van de huid is gedaald naar 2 cm en de houten zijn ongeveer 4,5 cm dik. Door het gebruik van lichter materiaal kan het vlak smaller zijn, vallen de zijboorden ruimer naar buiten en de boegen, hoewel rond, zijn fijner geprofileerd. De lengte over de stevens van de voorgestelde boot is 3,98 m, de breedte 1,48 m en de diepte 0,58 m.

De grootste hadden een lengte van 4,50 m. Bij deze opgemeten boot steken de koppen van de twee zijboorden voor en achter in de sponning van de stevens. De meeste bouwers beschouwen dit als het perfecte werk. Anderen beweren het tegendeel. De Belgische schippers bewonderden de brabander en degenen die het geld ervoor over hadden, schaften zich er een aan. Het waren zowat de duurste werkboten. Ook in het buitenland stond hij bekend als een deugdelijke boot.

Sommigen trachtten hem na te bouwen, maar wanneer men de knepen van de constructie niet van jongs af heeft geleerd, is het onbegonnen werk hem op het oog en met de hulp van enkele mallen te kopiëren. Namaken kan nu zonder de ervaring op de werkvloer, enkel met de hulp van een plan en een grote samengestelde hoofdmal van de romp, een reuzewerk. De bouwers van vroeger deden het op het oog en met de hulp van enkele sjablonen en hoeken op twaalf dagen. Dat was pas vakmanschap.

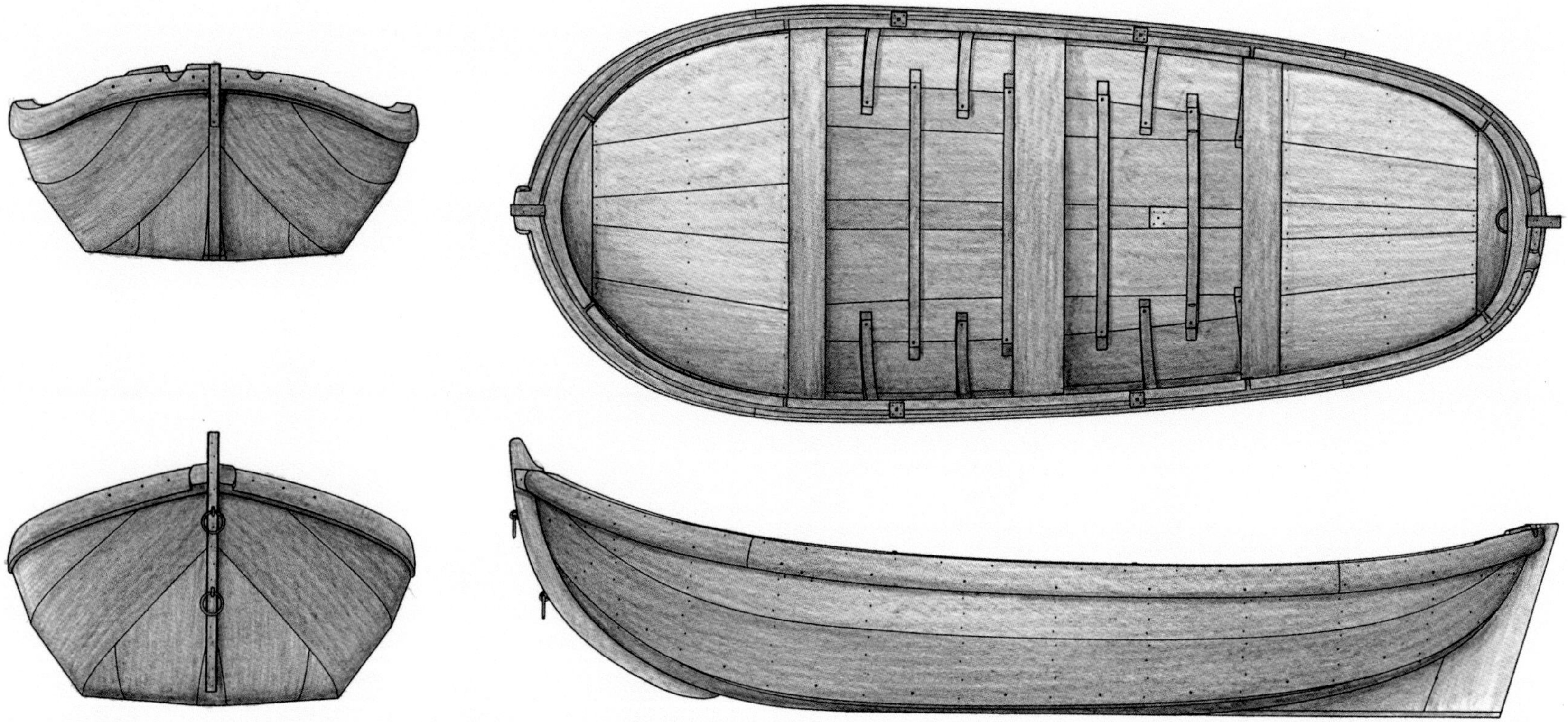

43. Brabantse schippersboot, Rumster type

Onder de Brabantse schippersboten valt deze boot op door zijn uitbundige lijnen en verschilt enigszins van de andere. Rumst, een gemeente niet zo ver van Boom verwijderd, stond bekend als centrum van een andere bouwwijze. Het profiel laat een diepe zeeg zien en het bovenzicht van de tekening een groot liggende breedte vooraan met een smal achterlijf. Die vorm dateert uit de periode van het einde van de 19e en het begin van de 20e eeuw toen ook de grote pleiten en otters uit de binnenvaart in die rage deelden.

Een andere bijzonderheid valt op als men de manier bekijkt waarop de huidplanken zijn aangebracht. De onderste is over de gehele lengte zeer breed en de brede koppen landen voor de helft in de sponning van de stevens en voor de andere helft onder de boeghouten, terwijl het bovenste boord, dat maar half zo breed is, voor en achter puntig eindigt onder de berghouten. Zo verkrijgt men boorden met een rechte houtdraad. Die wijze van beplanking ziet men algemeen toegepast bij de kofschepen. De boot krijgt door die constructie een eigen schoonheid, waarover men van mening kan verschillen. Hij is langer dan de vorige en meet over de stevens 4,06 m, de breedte op de berghouten bedraagt 1,58 m en de diepte in het midden is 0,55 m.

De houtdikten liggen iets hoger, wat te verwachten is. De huid is 2,1 cm dik, de wrangen en inhouten 4,6 cm en de stevens 75 cm. Wat de huiddikte van de boot betreft, moet men vanzelfsprekend rekening houden met de ouderdom van het op te meten vaartuig. In de loop van zijn bestaan zal hij verschillende keren zijn afgeschraapt, zodat de huid oorspronkelijk wel iets dikker kan geweest zijn. Een goed gesprek met een bootbouwer kan veel aan het licht brengen.

Onder de oude schippers van vroeger deed het verhaal de ronde dat de boot zo sterk was dat sommigen hem gebruikten als buffer tussen de kaaimuur en hun schip. Dat lijkt op een sterk verhaal, cafépraat. Ze zullen dat misschien gedaan hebben als hun oude boot versleten was en ze zinnens waren een nieuwe te kopen. Schippers waren doorgaans heel zuinig op hun volgboot.

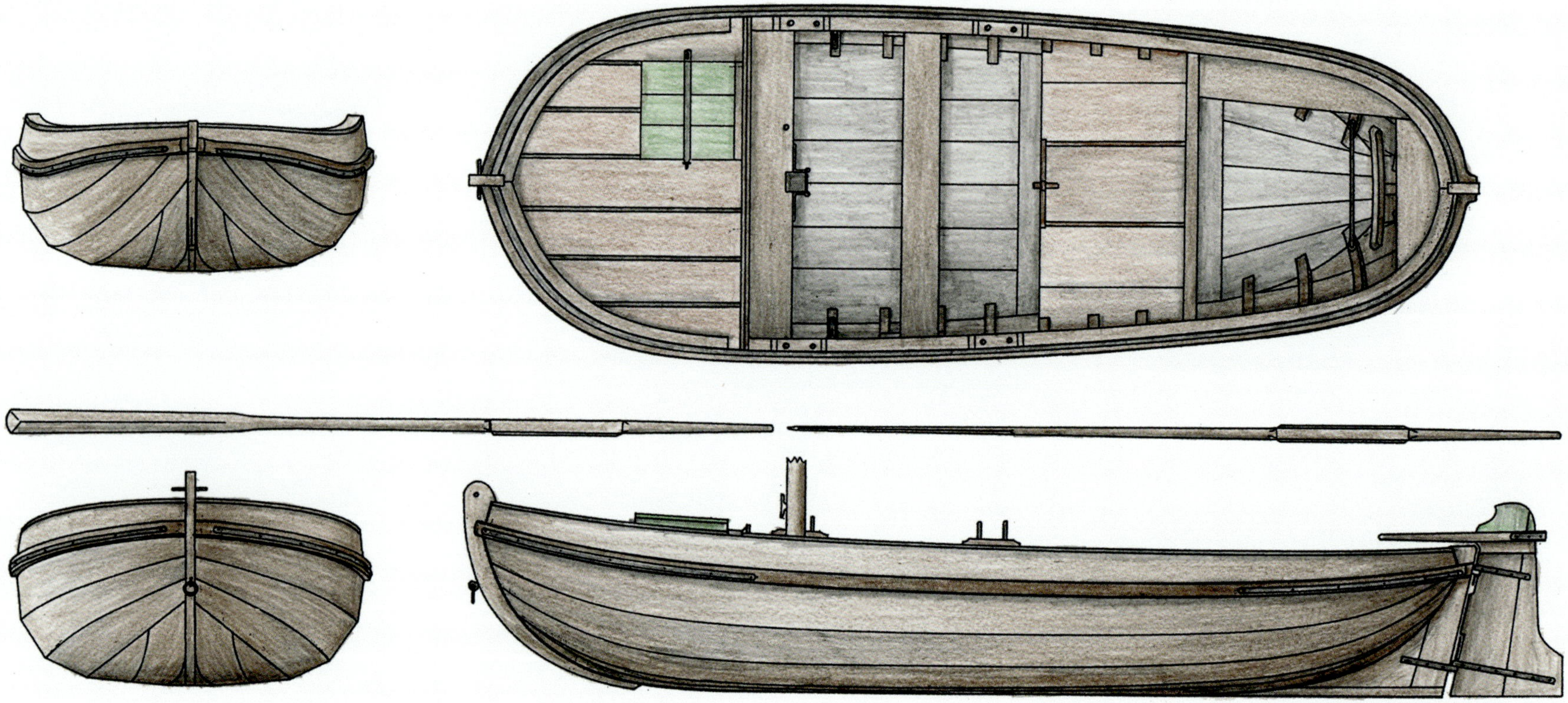

44. Brabantse vissersboot, Mariekerkse jol

In de 19e eeuw toen de Schelde nog niet bezoedeld was door chemisch afval en stinkend water van fabrieken, woonden langs de oevers van de stroom gemeenschappen die met visvangst op kleine schaal aan de kost kwamen. Zij beschikten over een boot, een soort grote brabander, ongeveer 6 m lang over de stevens. Omdat die eveneens wat breder en hoger was, werden de wanden gedekt met drie gangen. In de voorpiek was een klein voorondertje ingericht voor twee volwassenen en eventueel een jongen. Daar kon men met opgetrokken knieën in elkaars schoot slapen.

Achter de roeidoft bevond zich een korte visbeun om de vangst levend te houden. De boot had alle middelen om te roeien en te wrikken, maar voor de lange afstanden naar de visgronden was hij voorzien van een zeiltuig, bestaande uit een sprietzeil en een fok. De mast was, buiten het voorstag waarop de fok stond, niet door enige andere steun gestaagd. Als ze op de visgrond waren aangekomen, werd de mast, met alles wat eraan hing, uit de kluit en de beugel getrokken, het voorstag losgemaakt, de hele handel om de mast gewikkeld en opzij van de romp vastgesjord.

De vissers gingen tot Bath en sommigen die met een speciaal patent de grens mochten overschrijden, waagden zich zelfs tot het Schaar van Waarde. Dat waren de benedenvissers. Zij bleven een week op het water. Als het meezat en de vangst overvloedig was, verkochten ze een deel onderweg naar huis en de rest op de afslag in het dorp bij pot en pint. De thuisblijvers, meestal ouderen, visten op de Schelde en de bijrivieren tussen Temse en Gent. Men heette ze de bovenvissers. Die beroepsmatige visserij strekte zich over het hele jaar uit.

Het seizoen en de visstek bepaalde het vistuig dat men aan boord nam. Men had de waai en het drijfnet voor de meivis (geep), de korre en de kuil voor platvis, steurkrab (roze garnaal) en garnaal, de toger voor de spiering en niet te vergeten de reep en de korven voor paling, dat laatste bijna hoofdzakelijk in de winter. De vangsten van de bovenvissers bestonden uit bot, voorn, brasem, snoek, lauw en zeelt.

45. Brabantse vissersboot, zeilplan

Omdat die visserijvorm het langste heeft standgehouden te Mariekerke staat de boot foutief bekend als de Mariekerkse boot. Het is fout om de volgende reden: te Mariekerke is er nooit een werf geweest die ze heeft gebouwd. Het dorp huisvestte wel het grootste aantal vissersschepen en als gevolg daarvan veel families die van de visserij leefden. Maar ook op andere plaatsen langs de Schelde bestonden kleine gemeenschappen die met visserij te maken hadden, zoals Steendorp, Hemiksem, Rupelmonde en Baasrode en daar werden wel dergelijke boten gebouwd.

2M
127 A.
MARIEKERKE A. MAEREVOET

46. Brabantse vissersboot

Reeds voor de Eerste Wereldoorlog begon de visserij hinder te ondervinden van de industriële vervuiling van het Scheldewater. De overvloedige aanwezigheid van vis verminderde zichtbaar. Omdat de industrie langs de Schelde gedurende de vier jaar durende oorlog plat lag, nam de vervuiling af en kon het visbestand zich herstellen. Na de oorlog kregen sommige vissers er weer schik in en wilden hun bezigheden hervatten. De oorlog had echter zijn sporen nagelaten. De boten en het vistuig waren niet onderhouden, stukgegaan en de kosten om opnieuw te beginnen, stelden problemen. Bovendien nam de vervuiling van het water door de opleving van de industrie overhand toe. Als gevolg daarvan ging de tocht naar de Benedenschelde langzamerhand teloor en werden er geen nieuwe zeilbootjes meer gebouwd. Slechts een klein aantal heeft de Tweede Wereldoorlog gehaald. De vissers beperkten zich meer tot plaatselijke activiteiten in de omgeving van hun woonplaats. Kort voor de Tweede Wereldoorlog, en waarschijnlijk ook daarna, zijn nieuwe boten gebouwd, maar zonder zeiltuig.

Bij het uitbreken van de oorlog bleven de vissers hardnekkig hun werkzaamheden voortzetten onder het voorwendsel onmisbaar te zijn voor de voedselvoorziening van de bevolking. Het argument sloeg in en wie kon bewijzen een boot te bezitten, werd vrijgesteld van verplichte arbeid in Duitsland. Zij maakten van de gelegenheid gebruik kennissen en vrienden voor te stellen als onmisbare medewerkers, wat werd aanvaard. De enige eis van de bezetter was het afficheren van een nieuw inschrijvingsnummer, de naam van de eigenaar en zijn woonplaats in grote witte letters op de twee zijwanden van de boot. In dit geval: 127A Mariekerke A. Maerevoet.

Tegen het einde van de oorlog was voor sommigen het smokkelen van steenkool belangrijker geworden dan het vissen. De schippers van spitsen en andere binnenvaartschepen die steenkool voor de Duitsers vervoerden, werden onder het voorwendsel van een sleepje gepraaid en verplicht hun boot vol te laden. Eenmaal is een dergelijk gebeuren opgemerkt en werden de schipper en zijn helper onder bedreiging gesommeerd naar de wal te komen. De mannen werden ingerekend en de boot met inhoud verbeurd verklaard. Na het uitladen is de boot daar blijven liggen.

Het toeval wil dat de plaats van het gebeuren eigendom was van de scheepswerf Van Damme. Na de verkoop van die eigendom werd de boot in een loods gelegd en is daar jaren blijven liggen tot medewerkers van het scheepvaartmuseum te Baasrode zijn bestaan te weten kwamen en de toelating vroegen hem te mogen opmeten. Het eerste onderzoek van de binnenzijde van het schip bevestigde het verhaal. De binnenzijde van de boot was nog potzwart van het kolenstof en alle gaatjes van de beun waren dichtgestopt met houten pennetjes. De boot werd gereinigd, opgemeten en getekend.

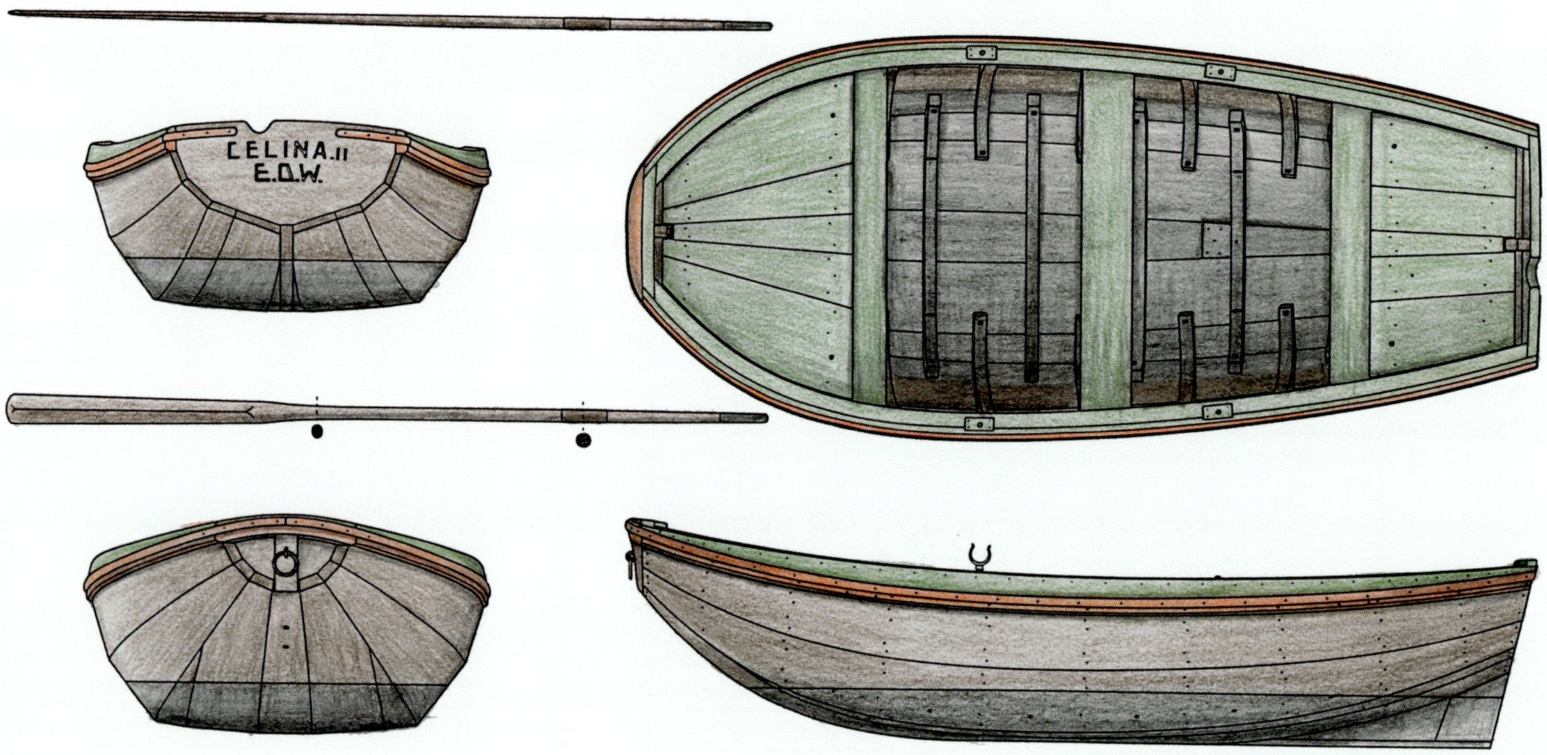
CELINA.II
E.O.W.

47. Schippersjol, met berghout

In het Vlaamse Scheldegebied heette men een boot met een voor- en achterbord, een jol. De boorden van de huid zijn dik en liggen glad. De naam heeft niets te maken met zijn afmetingen. In de Scheldere-gio kende men kleine en grote jollen. De kleinste waren schippers-boten. Wat de indeling betreft, gelijken ze op Brabantse boten, maar constructief zijn ze veel eenvoudiger. De beide spiegels maken het zeer gemakkelijk om de boorden aan te brengen. Het branden van de planken gaat vlotter omdat de korte bochten in de boeg van de brabander ontbreken.

Het bovenste boord van de voorgestelde schippersjol op de prent is dikker en fungeert als berghout. De berghouten zijn verstevigd met een halfronde ijzeren lat die eveneens de klos op de voorspiegel dekt en voor een gedeelte ook de achterspiegel. Boven de berghouten staat nog een smal boeiseltje dat iets bijdraagt aan zijn waarde, want de gewone jol mist die toevoeging.

Onder de voorklos staat een verticaal gewelfd houtje, een versterking die doet denken aan een voorsteven. Normaal was hij voorzien van een voor- en achterplechtje en een losse middendoft. De spanten en inhouten zijn gelijk aan die van de brabander, ze liggen haaks op de huid. Drie doften en twee plechtjes maken het binnenwerk volledig.

Vanwege zijn gunstige prijs was hij zeer populair. De naam op de achterspiegel Celina II is die van het grote schip. Eronder staan de initialen E.D.W. Zijn voornaamste afmetingen waren als volgt: volle-dige lengte, klos incluis, was 3,24 m en de breedte op de berghouten 1,44 m. In Nederland heette men hem de belzeboot. Hij behoort tot de collectie van de Scheepswerven Baasrode waar hij is opgemeten.

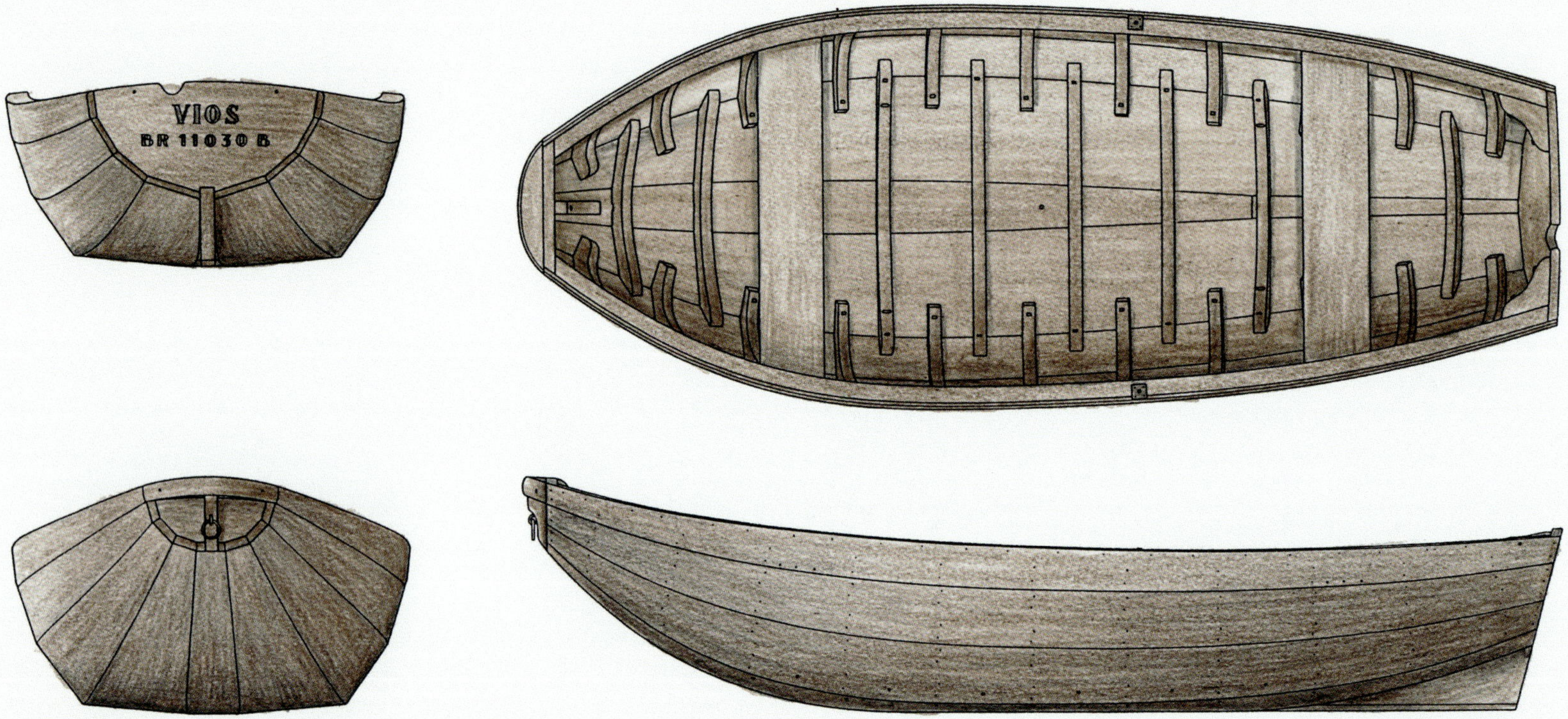
VIOS
BR 11030 B

48. Schippersjol, zonder berghout

Deze jol van het binnenschip Vios, heeft geen berghout en kan beschouwd worden als de schippersboot zoals hij zich in het algemeen manifesteerde. Het bovenboord is even dik als de andere, eenvoudiger kan niet, er is zelfs geen berghoutlat aangebracht. Goed doordacht is het loosgat in het midden van de kielplank dat met een stop afgedicht wordt als hij te water gaat. Het is een aanwijzing dat hij een vast plaatsje had op een groot binnenschip met een verstandige schipper aan boord. Als het regent kan het water in de boot weglopen. Stilstaand water in een boot is vragen om vroegtijdige aantasting van het materiaal. Hij is iets groter dan de vorige. Zijn lengte bedraagt 3,84 m en zijn breedte 1,48 m. Elke zijde wordt gedekt door drie boorden, net als het vlak.

De doorsnede lijkt ook hier sprekend op de brabander. Vlak en wanden tonen een lichte afronding, maar door de breedte van de planken blijven de naden duidelijk zichtbaar. Omdat ze naar de spiegels versmallen en een kleine zwei maken, verzwakt de knik in het midden en krijgen de spiegels een aangename afronding. In tegenstelling met dit exemplaar zijn er schippersjollen gebouwd met veel zwierigere lijnen, met een diepe zeeg en een hartvormige achterspiegel.

Er waren bootbouwers met voldoende verbeelding om hem zeer voordelig naar buiten te laten komen. Vaak werd hij opgesmukt met een frisse kleur. Groene plechten en doften en een in de lak gezette romp gaven hem altijd een meerwaarde. Dit bootje is gevonden te Antwerpen in de loods naast het Steen, opgemeten en getekend.

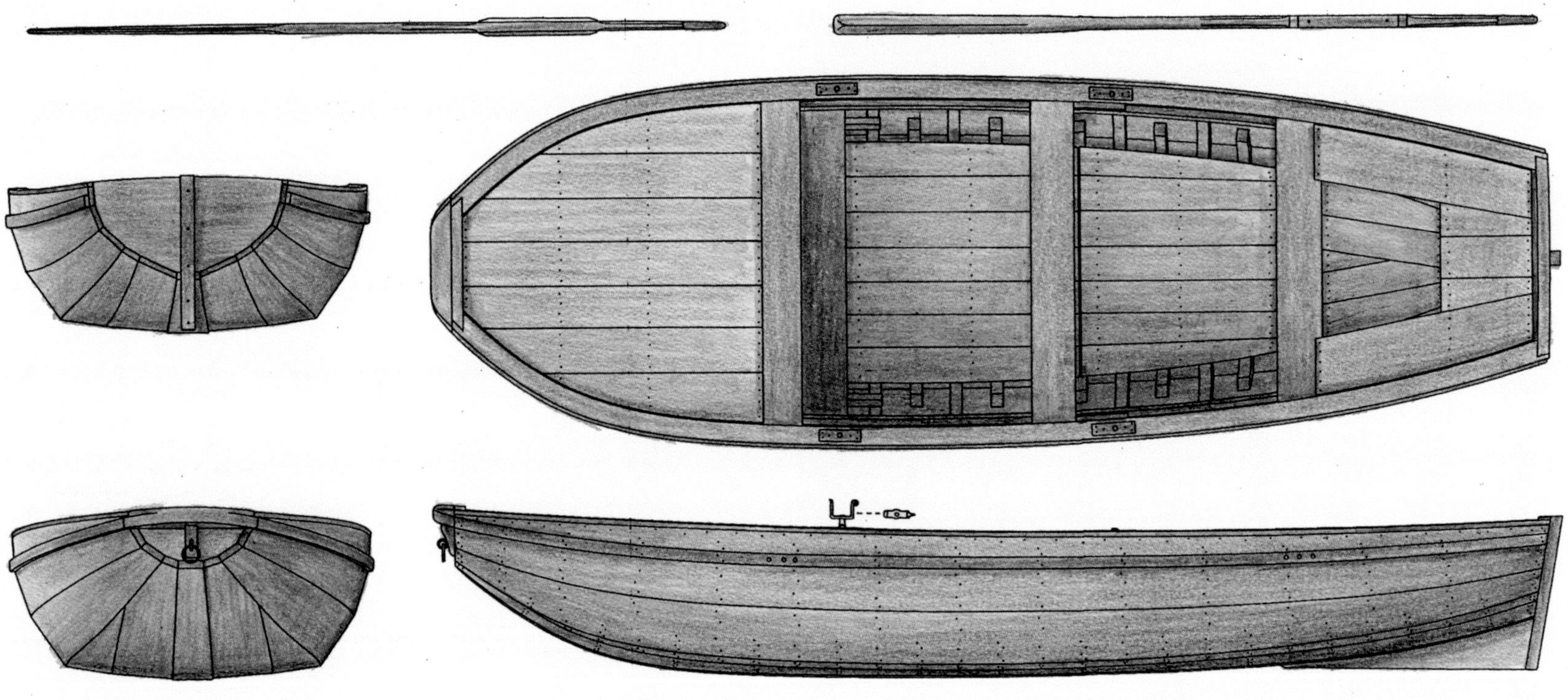

49. Grote jol, spiegelboot

Deze jol is geen schippersboot. De oorsprong van de grote jol is tot hiertoe niet aan het licht gekomen. Oude foto's tonen zijn aanwezigheid enkel in de Schelderegio vanaf de tweede helft van de 19e eeuw tot het ogenblik van zijn verdwijning na de Tweede Wereldoorlog. Het is een typisch Vlaams vaartuig, want in de ons omringende landen, Nederland, Frankrijk en Duitsland zijn er geen sporen van terug te vinden, zelfs niet in Wallonië. Met zijn lengte van 5,20 m en een breedte van 1,70 m was hij veel te lang en te zwaar om op een binnenschip van dienst te zijn.

Grote jollen werden gebruikt als hulp bij werkzaamheden aan sluizen, bruggen en dijken. In zijn goede jaren was hij bijzonder in trek bij veermannen. Hij werd toen de overzetter genoemd. Als veerboot kreeg hij achter de voordoft een brede trede als op- en afstap voor de passagiers en achteraan een open, ronde zitbank tot tegen de spiegel, zoals op de prent te zien is.

Bij de bovenvissers van de Schelde genoot hij ook belangstelling, maar dan ingericht met een beun voor de bewaring van de vangst. Op de voorplecht bevond zich het toegangsluik tot een gesloten vooronder. Er zijn geen aanwijzingen gevonden van een mast, zwaarden of roer. Hij is op dezelfde manier gebouwd als de schippersjol. Inhouten en wrangen staan haaks op de huid. Aan de onderzijde van het bovenste boord is een berghoutlat geplaatst die in de klos op de voorspiegel doodloopt. Het was een zeer plaatselijk type. Hij behoorde tot de collectie van het Scheepvaartmuseum te Antwerpen en is daar opgemeten en getekend.

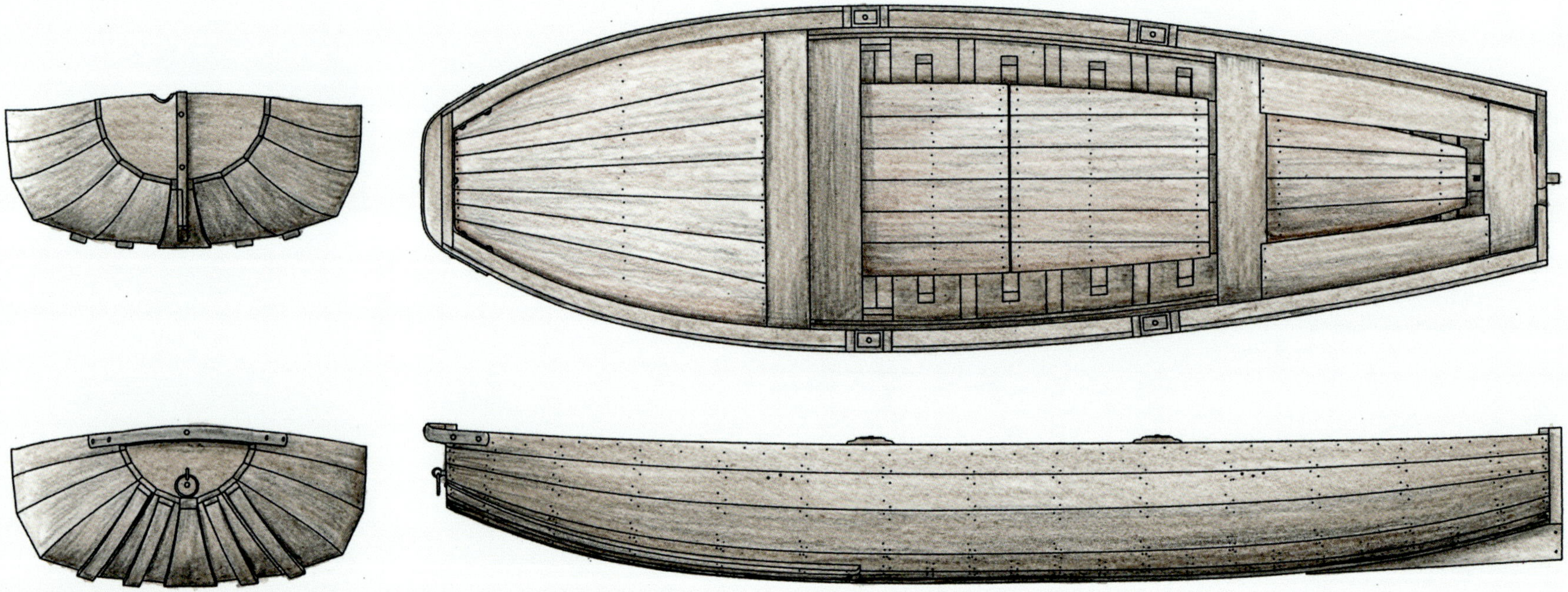

50. Hamse jol

De Hamse jol is een variatie op de grote jol. Van zijn ontstaansgeschiedenis is meer bekend. Een oud reclamespotje van de scheepswerf J. Van Garsse, eertijds gevestigd te Steendorp, vermeldt dat een voorvader van de familie de boot in de laatste helft van de 19e eeuw bedacht en hem voor het eerst bouwde. Een nog bestaande openbare aanbesteding van het Bestuur van Bruggen en Wegen uit het jaar 1897, met een tekening van de boot, bevestigt dit feit.

Hij was bestemd als toezicht- en werkboot boot voor de Zenne, de Dijle en de Binnennete. De aanbesteding was in het bezit van Pierre Borremans die een werf uitbaatte te Hamme op de Kaaldries. Pierre Borremans was gehuwd met de zuster van J. Van Garsse, de maker van het reclamespotje. Pierre Borremans moet bedrijvig zijn geweest vanaf de late jaren 20 van vorige eeuw tot net na de Tweede Wereldoorlog. Hij is toen gestopt omdat hij geen bestellingen meer kreeg voor het bouwen van houten boten. Hij stond in zijn tijd bekend voor zijn ambachtelijk werk, een van de redenen waarom hij veel openbare aanbestedingen in de wacht wist te slepen. Hij bouwde eveneens gewone grote jollen, schippersjollen, Brabanste schippersboten en Brabantse visboten, en later ook scheldejollen voor de pleziervaart. Albert Borremans, de zoon van Pierre, die van jongsaf in de zaak heeft gewerkt, wist te vertellen dat hij de naam Hamse jol nooit heeft horen vernoemen. Het was gewoon een werkboot, hetzij veerboot, visboot of anderszins. De naam is, zoals dat veel gebeurt, toebedeeld door buitenstaanders met een overdreven ijver tot catalogeren.

De afmetingen liggen in de buurt van de grote jol. De lengte van het opgemeten exemplaar bedraagt over alles 5,13 m en de breedte 1,64 m. Voor de leek is er weinig verschil te zien, maar bij nader toezien heeft hij zijn eigen specifieke kenmerken. Wat direct opvalt is de zeer gestrekte zeeglijn. De voorspiegel is groter dan die van de grote jol, de achterspiegel kleiner. Ze staan beide bijna loodrecht. De bodem en de zijwanden vallen zo ver naar binnen dat de scherpe kimmen van vlak en boord bijna verdwijnen. Al het hout waarmee hij is samengesteld, is robuuster dan van de gewone jol.

De tekening bij de aanbesteding uit 1897 stelt de wrangen en houten verticaal staand in het zijprofiel, dus tegengesteld aan de gewone bouwwijze. Dit heeft voor en achter een sterke afschuining van het hout voor gevolg. De bouwers van het opgemeten exemplaar hebben getracht, zonder veel op te vallen, de binnenhouten een beetje vlakker op de huid te zetten en zo de afschuining te verminderen. De zware uitvoering is zeker voor veel kopers aanleiding geweest voor de aanschaf. Het opgemeten exemplaar is ingericht als veerboot, maar ook in andere takken van de bedrijfswereld was hij gewild. Net als de grote jol is zijn aanwezigheid zeer plaatselijk geweest.

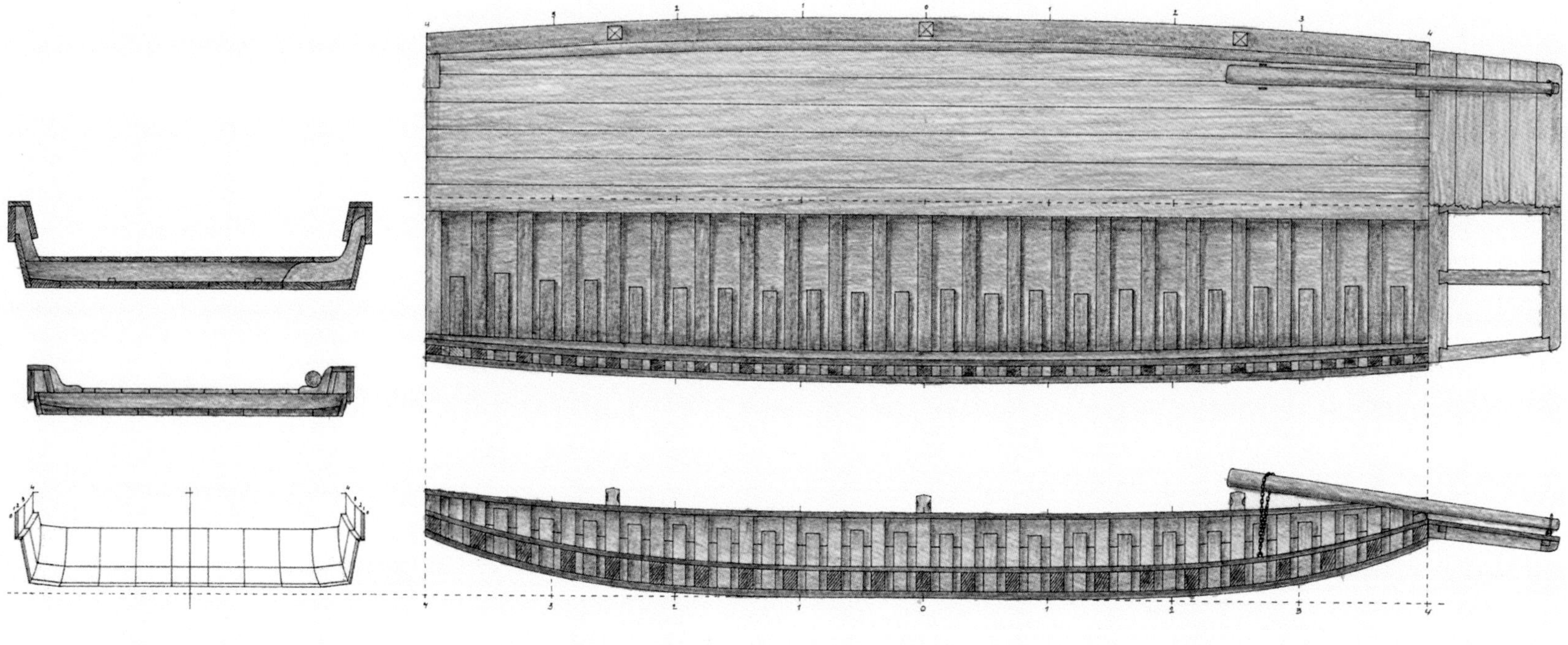

51. Pont, veerboot

In het in 1940 uitgegeven boek van Gerard Boeykens, onderpastoor van Baasrode, over de geschiedenis van Baasrode, wordt een notarisakte uit 1791 geciteerd voor de bouw van een pont voor de veerdienst over de Durme te Waasmunster. De akte geeft diktematen van de belangrijkste onderdelen en tevens, wat ongewoon is, naast de algemene hoofdafmetingen eveneens binnen- en buitenafmetingen tussen enkele belangrijke knooppunten. Omdat de pont zeer eenvoudig van constructie is, was het verleidelijk ook van dit bestek een tekening op papier te krijgen, wat inderdaad lukte.

Deze pont heeft een lengte, zonder de vleugels erbij te tellen, van 11,04 m en een breedte in het midden van 4 m. De einden van het platte vlak buigen reeds vroeg opwaarts en worden opgevangen door een platliggende balk. De zeeglijn volgt het vlak, maar blijft tamelijk gestrekt en de twee lange boorden van de wanden liggen overnaads. Binnen in de romp is de ruimte tussen de dikke wrangen en poten miniem. Boven de wrangen bevindt zich een vaste vloer, de buiting, en ook de binnenzijde is bekleed met een wegering.

Er bestaat eigenlijk geen voor en achter, want beide einden zijn gelijk. De vleugels aan de opstap worden bediend met een paar stevige hefbomen voor het gemak van de passagiers, maar eveneens om paard en kar, of koeien en schapen binnenboord te krijgen. Daar de reten tussen de planken van de buiting regenwater doorlaten, was elke pont in het midden voorzien een pomp. Het gebruik van de pont gaat terug tot de vroege middeleeuwen.

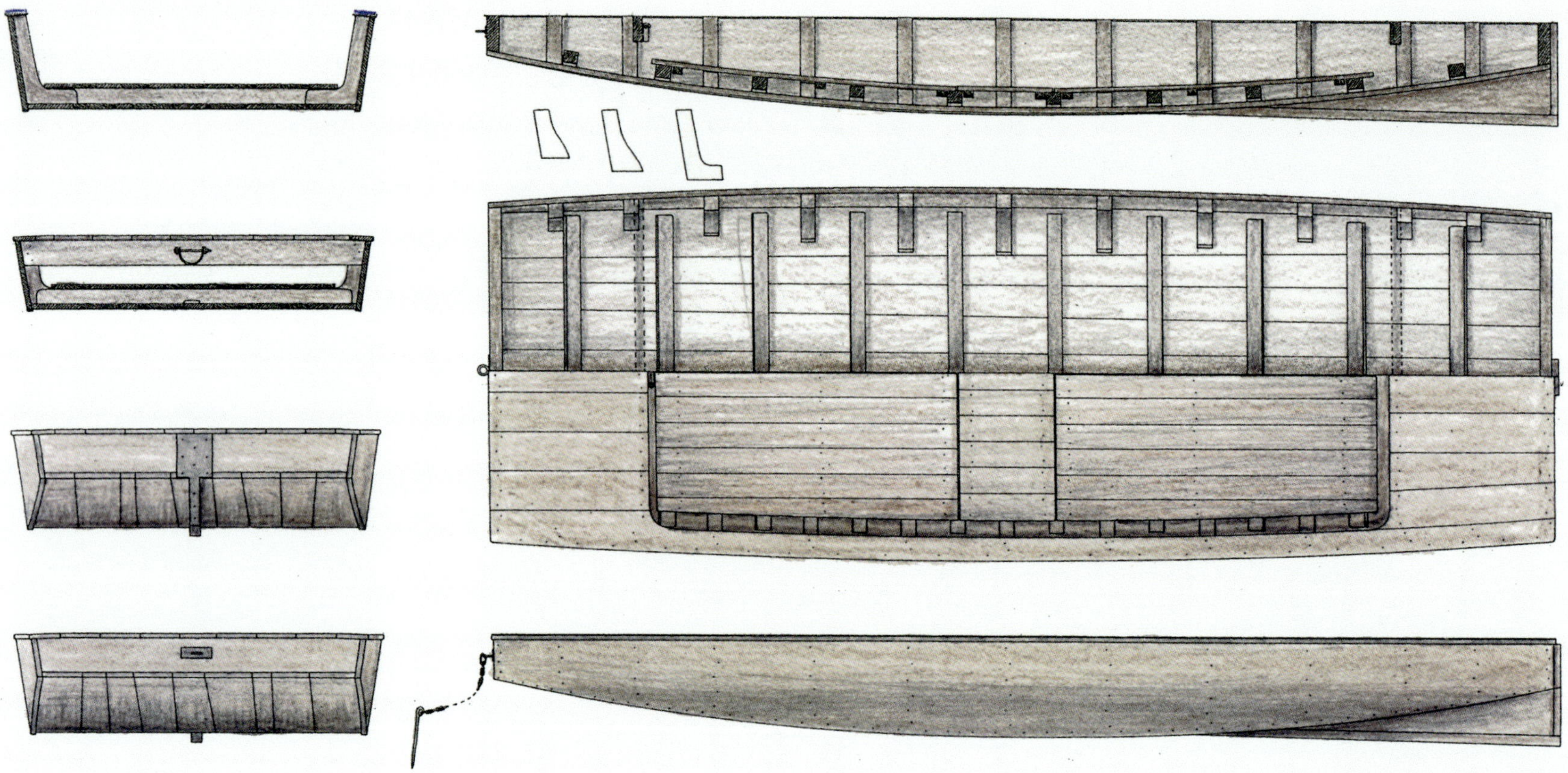

52. Pont, als boerenboot

Op de andere oever van de Leie, tegenover het dorpje Baarle, ligt een gehucht dat deel uitmaakt van het kunstenaarsdorp Sint-Martens-Latem. De weg naar het dorp vanaf de Leie was vroeger moeilijk en soms onbruikbaar. Hij voerde door een drassig land, een broekland, dat elke keer na zware regenval onder water stond als het water van de Leie steeg en de oever overspoelde. In de winter was steevast elk verkeer naar en van het dorp gedurende enkele maanden uitgesloten. Op enkele hoger gelegen plekken langs de oever bevonden zich huizen. Het was een verlaten gebied tussen Deurle en Afsnee. Er woonden enkele kleine boeren en dicht bij het veer een aantal fabrieksarbeiders. Het was voor hen veiliger en gemakkelijker de rivier over te steken met de plaatselijke pont. 's Zondags gingen ze naar de kerk in Baarle, de kinderen gingen er naar school en de arbeiders naar de fabriek.

In het begin van de 20e eeuw heeft de streek een snelle ontwikkeling doorgemaakt toen het gevaar voor overstroming verminderde door de aanleg in Gent van de Ringvaart, een tweede verbinding tussen de Schelde en de Leie, zodat het overtollige water beter kon afvloeien. Omdat vanuit de stad veel vraag kwam naar verse groenten speelden de plaatselijke boeren daarop in. Zij brachten grote stukken drassige en braakliggende grond langs de Leie in cultuur en zorgden voor bedijking, drainage en bemesting en werden groentetelers. Ze verbouwden zonder gebruik te maken van serres selder, prei, kool, savooi, spruiten, erwten en andere gewassen van zulke kwaliteit dat ze geen moeite hadden hun groenten kwijt te raken.

Voor de groenteteler was het bezit van een boot noodzakelijk. Het vervoer van de producten langs de oever met paard en kar was niet te doen. Ze lieten een kleine boot bouwen naar het voorbeeld van het grote veer te Baarle. Zolang de botenbouwers van stiel daarvoor zorgden, hadden de boten alle kenmerken van een echte pont. De bodem lag in het midden horizontaal en boog voor en achter met een korte knik naar boven. Alle timmerwerk werd uitgevoerd met vierkante, gesmede scheepsnagels, maar op het laatst, toen er in de naaste omgeving geen scheepsbouwers meer te vinden waren, ging men te rade bij een schrijnwerker. Die heeft een oude boot opgemeten en is op zijn manier aan het werk gegaan. Hij maakte de bodem rond omdat hij geen ervaring had met het buigen van het hout en gebruikte ronde fabrieksnagels voor de betimmering.

De laatste van die boten werd ontdekt op het erf van de heer Bijtebier. Hij was al een hele tijd niet meer in gebruik. Gezien de historische waarde is hij toch opgemeten en getekend. Hij had een lengte van 5,03 m en een breedte van 1,77 m. Behalve de gemelde afwijkingen is hij voor de rest afgebouwd zoals het oorspronkelijke type, maar dan wel een beetje lichter van hout en goedkoper.

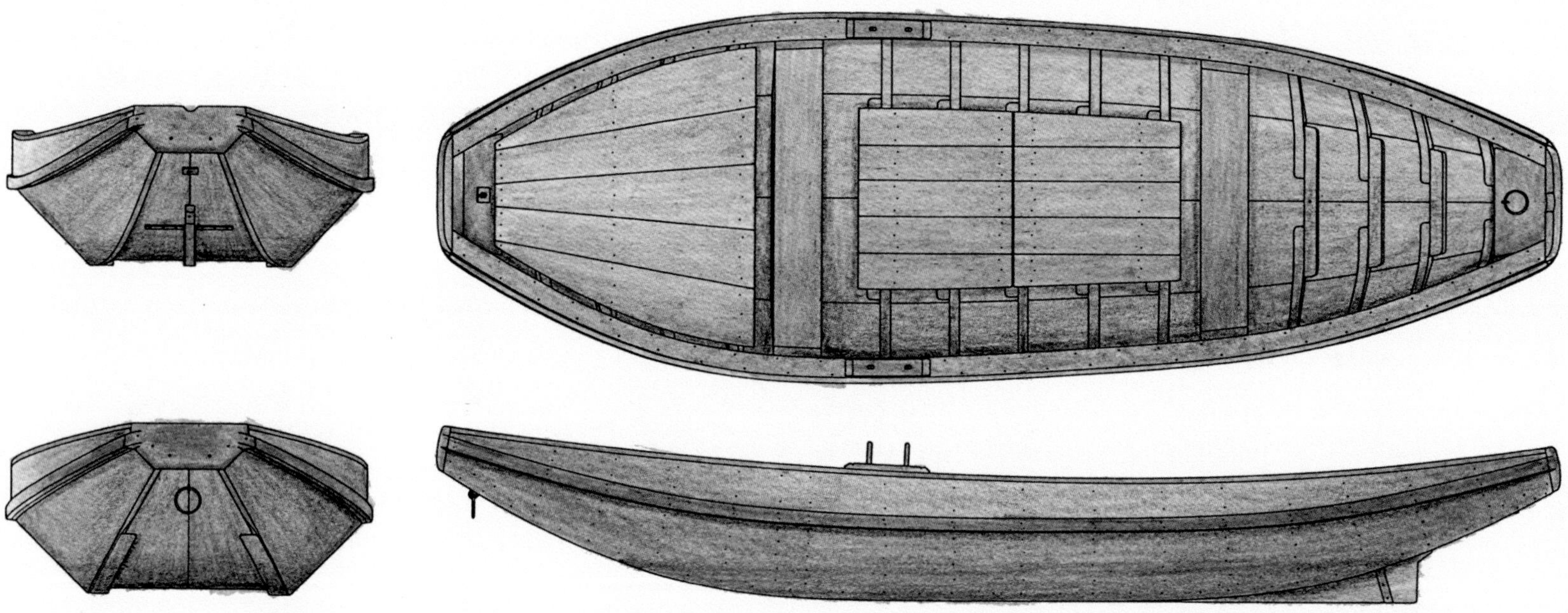

53. Vlieger, Hye

Met de vlieger zijn we aan een heel ander boottype toe. Vliegers zijn van oorsprong boten van de Rijn, familie van de oude bijtelschepen. Via de Rijn zijn ze Nederland binnengedrongen en vandaar langs de Maas ook in België terechtgekomen. De voorgestelde boot is afkomstig van het baggerbedrijf Hye, gevestigd te Burcht, waar hij, volgens zeggen, ook gemaakt is. Hij behoort nu tot de collectie van de Scheepswerven Baasrode, waar hij is opgemeten. Het is niet gekend of hij op de werven en kleine bedrijfjes in de Schelderegio ooit gebouwd is. Hetzelfde geldt voor Wallonië. De vliegers die men bij de binnenschepen op de Maas ziet liggen, kunnen evengoed in Nederland zijn aangeschaft.

De vlieger is gekenmerkt door zijn zeer lange overhangen. Hij heeft maar een kort en recht stukje vlak in de bodem. Soms zijn zelfs de lange overhangende boegen en de bodem herleid tot een doorbuigende ronde lijn zoals een banaan. De doorgebogen zeeg benadrukt nog dat imago. De koppen zijn op deze boot nogal ruw afgewerkt met een dikke, brede plank er bovenop getimmerd. De afmetingen bedragen 5,45 m x 1,67 m.

Zijn grote lengte maakt hem ongeschikt als schippersboot en laat vermoeden dat hij in de praktijk gediend heeft als hulp bij allerlei werkzaamheden bij de grote schepen van dit bedrijf. Wrangen en inhouten liggen haaks binnen op de huid.

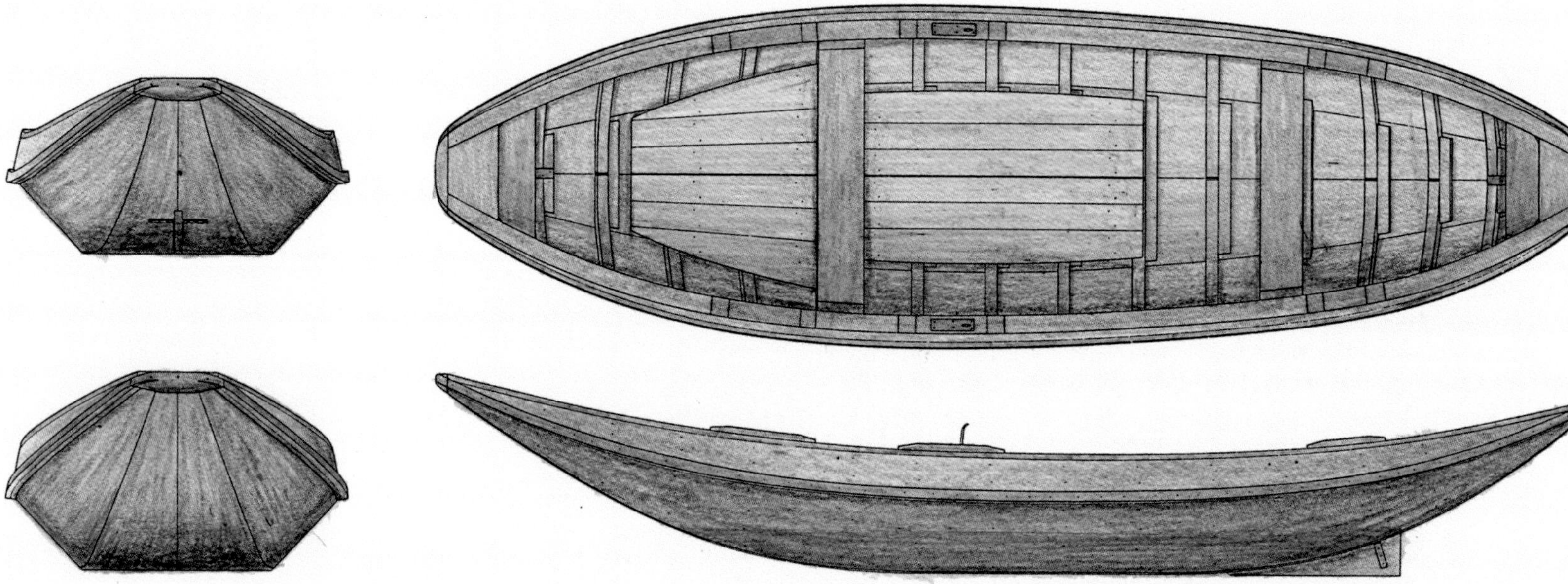

54. Vlieger, reconstructie

Deze boot is een reconstructie, samengesteld en vervolledigd aan de hand van onvolledige gegevens. Hij is in dit bestek opgenomen vanwege zijn mooie harmonische lijnen. Als men op zoek is naar nog bestaande exemplaren wordt men niet altijd geconfronteerd met de mooiste, daarom deze uitzondering op de regel, in de hoop dat wie de gegevens verzameld heeft, te goeder trouw is geweest.

Het is een grote vlieger. Het zou een boerenboot kunnen zijn. De gebogen ijzeren pennen op de dolklampen zijn bestemd voor de oogkram op de roeiriemen, tegelijk wijzen ze naar zijn Nederlandse herkomst waar de kromme dolpen regel was. Dergelijke toepassing is gebruikelijk als de boot zich op rustig water begeeft. Hij is over alles 5,33 m lang, 1,58 m breed en 0,52 m diep, normale maten voor het type. Meestal is de vlieger iets smaller dan andere roeiboten, in de verhouding van 3,3 tot 1, maar hoe kleiner de afmetingen des te breder hij wordt, dit in verband met de stabiliteit.

Naast de genoemde kenmerken kan men er nog aan toevoegen: de smalle bodem en de oplopende boegen zijn altijd plat en samengesteld met planken uit één lengte. De zijboorden vallen ruim naar buiten en de boeisels staan verticaal tot licht hellend naar binnen. Soms is aan de onderzijde van dit boord een berghoutlat aangebracht. De koppen eindigen spits en zijn afgewerkt met een klos waarin de lijnen van de berghoutlat doodlopen. Wrangen en inhouten liggen tegen elkaar aan. Typisch voor de vlieger is de kleine scheg onderaan de achterboeg. Men heeft eertijds deze boot op een weegschaal gezet, hij woog 450 kg. In de streken waar hij thuishoorde, en daarin staat Nederland vooraan, was het een zeer gewilde boot.

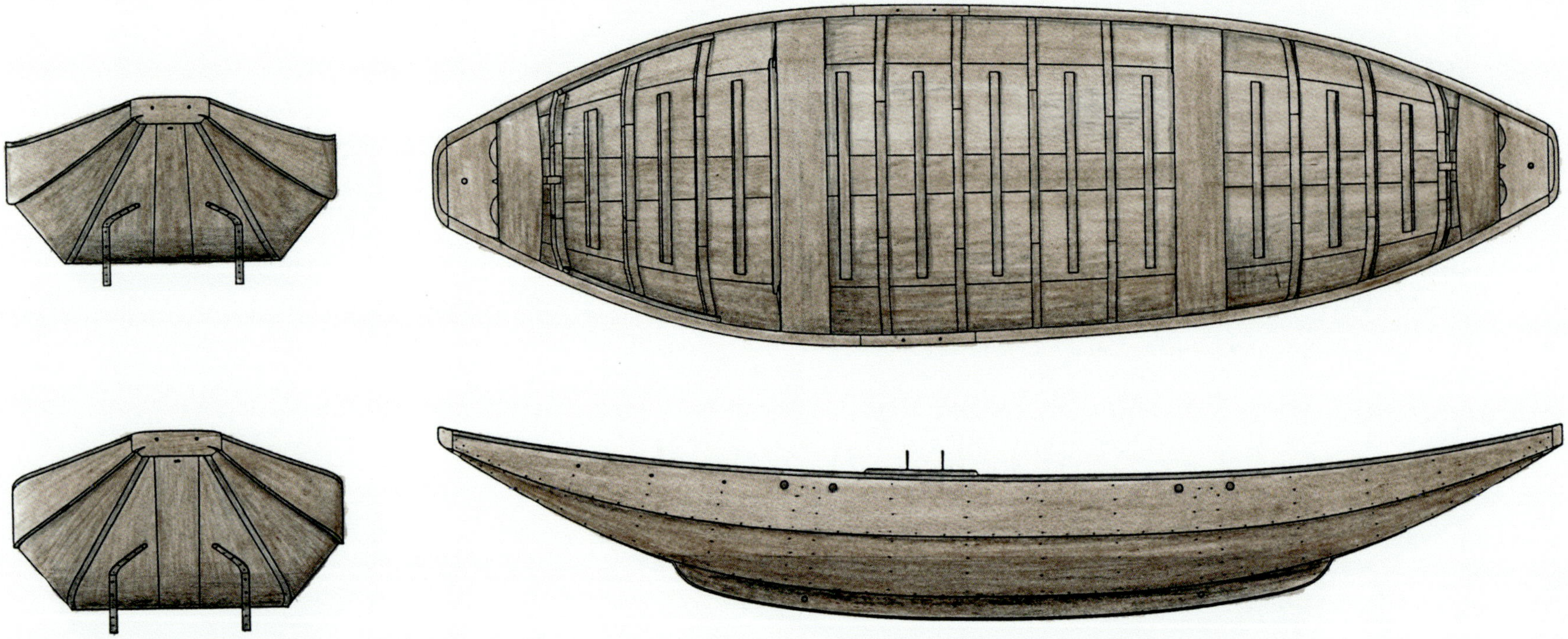

56. IJsvlieger

De ijsvlieger was één van de reserveboten van het Ingense veer, de veerverbinding tussen Ingen en Elst over de Nederrrijn. Hij verschilt van de andere vliegers door de aanwezigheid van twee lange schenen onderaan op het vlak. Het zijn eigenlijk schaatsen die ook in de winter als het water langs de oevers dichtvroor de boot inzetbaar hielden. De rechtstaande houten maakten een scheg overbodig. Iedere veerman was verplicht over verschillende boten te beschikken om in geval van nood het veer gaande te houden. Deze vlieger was er daarvan één. Bij ijsgang was hij gemakkelijk te water te laten. Hoe het allemaal precies in zijn werk ging, wist niemand meer te vertellen, maar de idee om schaatsen te gebruiken was niet slecht gevonden. De lengte over alles bedraagt 4,66 m, de breedte 1,38 m en de diepte 0,475 m. Hij lag in een loods van het Zuiderzeemuseum, waar hij in de tachtiger jaren van vorige eeuw is opgemeten.

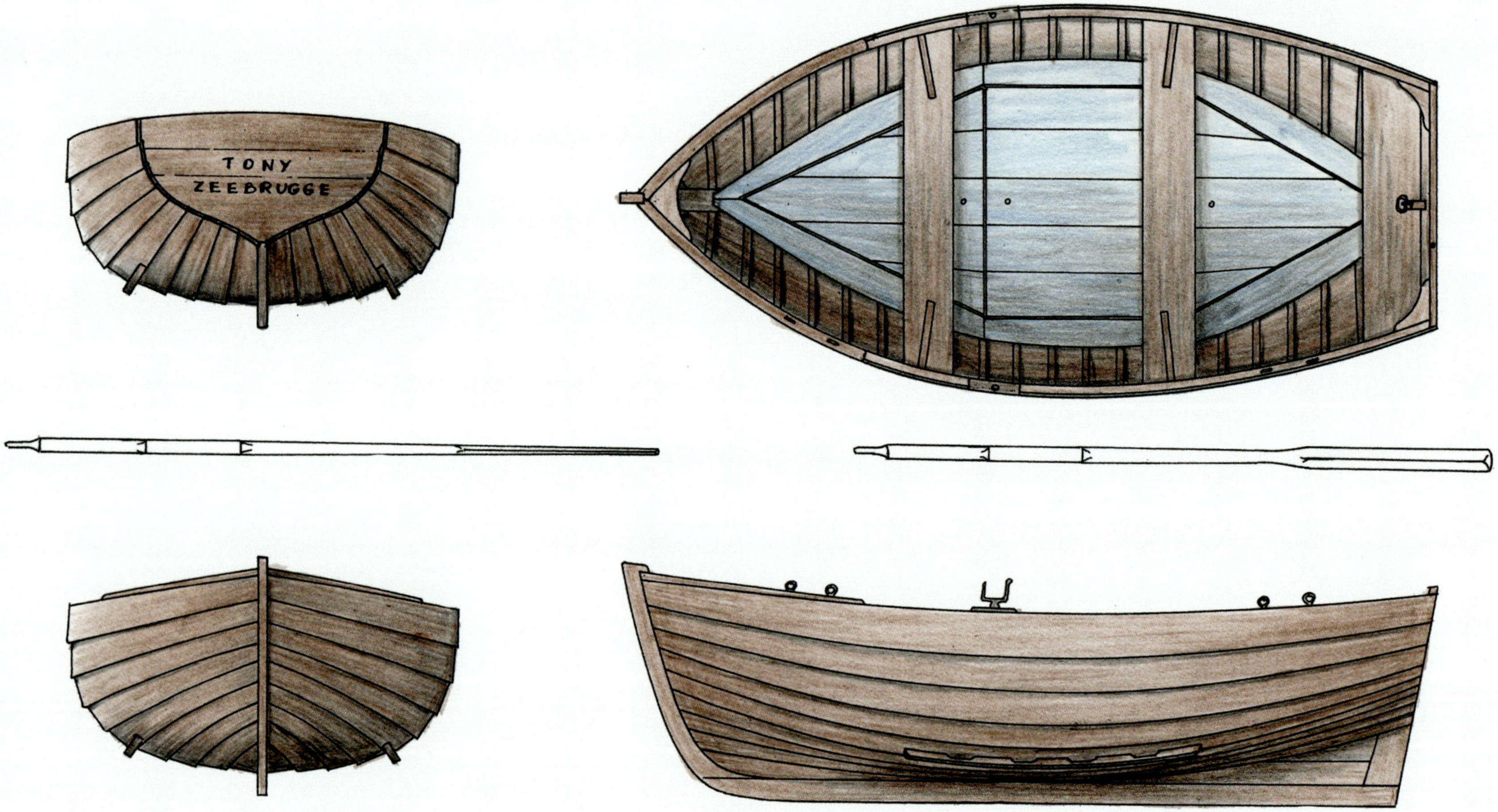
TONY
ZEEBRUGGE

57. Overnaadse sloep

Deze sloep was een werkboot en tegelijk ook een reddingsboot in dienst van de kleine vissersvaartuigen van de Vlaamse kust, hetzij de zeilende of gemotoriseerde kotters die op de banken voor de kust ter visvangst gingen. Zij kreeg een vast plaatsje achter het stuurkot. De ruimte was daar zo beperkt dat ze soms dwars werd opgesteld. Dit ongemak heeft geleid tot haar korte brede vorm, een verhouding van 2 op 1, een echte notendop. Haar lengte bedraagt 3,50 m en haar breedte 1,65 m.

Om de zeewaardigheid in de hand te houden zijn de kimmen niet te rond en het boord voldoende diep. De huidplanken liggen overnaads en zoals gebruikelijk bij dergelijke constructie, zijn de dunne spanten uit een lengte en door middel van een stoombad murw gemaakt om ze onmiddellijk te kunnen inplooien. De veiligheid op zee vereist de aanwezigheid van kimhouten met handvaten. Op de achterspiegel staat de naam van het schip en de thuishaven, in dit geval respectievelijk Tony en Zeebrugge. De voordoft biedt plaats voor een roeier.

Zoals het hoort op een vissersschip zijn de kleuren eenvoudig. De romp is bruin geschilderd, het binnenwerk onbestemd rood en de vloer blauw. De sloep maakt deel uit van de collectie oude schepen van het Museum aan de Stroom te Antwerpen, waar ze is opgemeten.

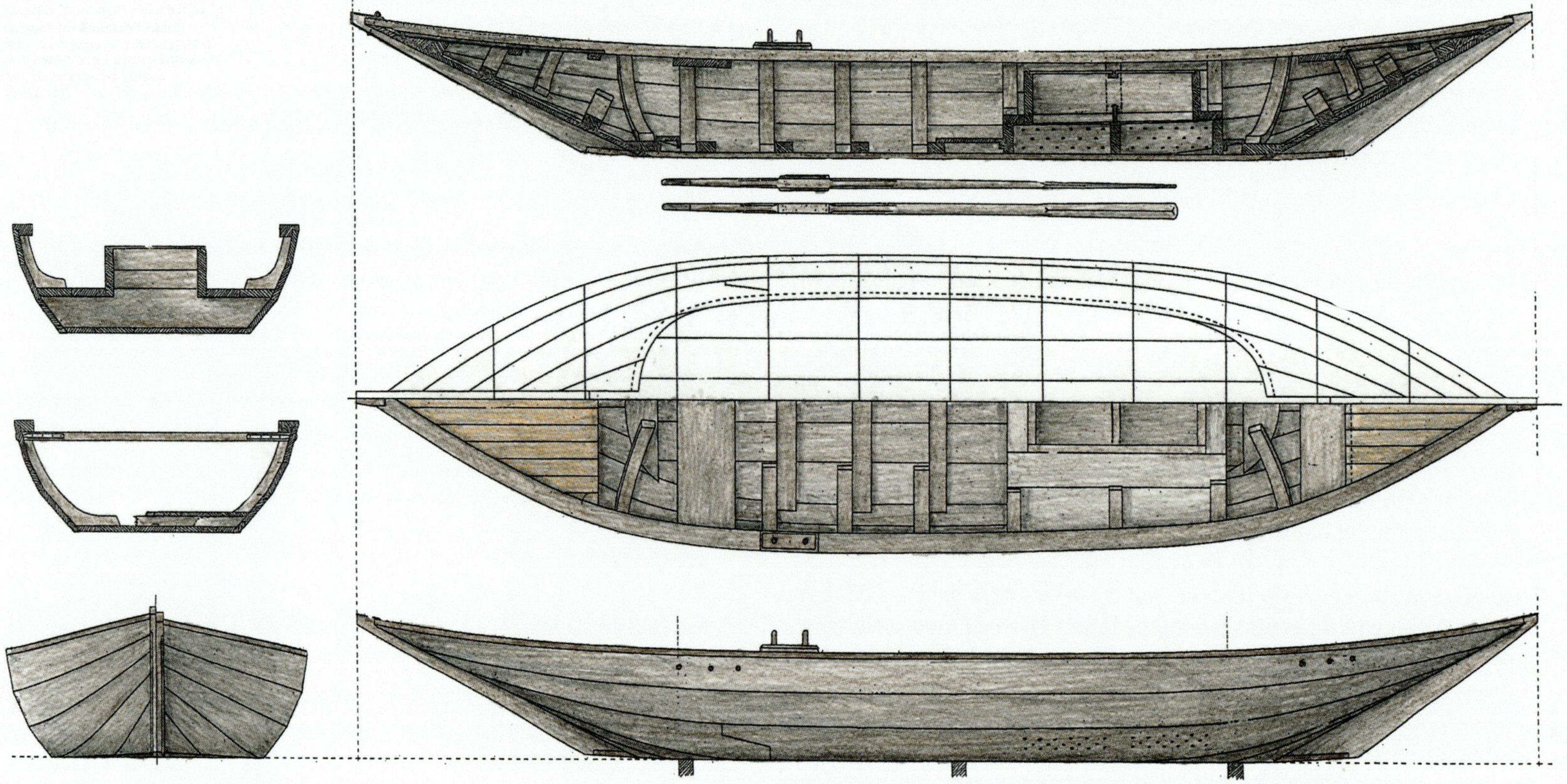

60. Heemer

Opmetingen van deze vaartuigen werden teruggevonden in de geschriften van Emmanuel De Landtsheer. In zijn verslag schrijft hij de naam van de boot met een aangeblazen h, in overeenstemming met het toen bestaande dialect. In de latere literatuur wordt dat eemer en zelfs emmer, denk maar aan het emmerzeil. De eemer lijkt, zoals te begrijpen is uit oude teksten en afbeeldingen, een samenraapsel te zijn van verschillende vormen, met als hoofdkenmerk een plat vlak, soms voor en achter een weinig gestapeld, extreem vallende tot bijna rechtstaande voor- en achterstevens, scherp naar de stevens lopende boegplanken, een gematigde of soms holle zeeg, vallende bolstaande, tot vlakke zijwanden en een stomp voorvlak, zoals een hoogaars, of scherp, in overeenstemming met de lijn van de boegen, u kiest maar. De eemers die men te Baasrode op de werven van De Landtsheer in de 18e eeuw bouwde, waren heel bijzonder en sprongen in het oog.

Emmanuel De Landtsheer ging als jonge knaap in de leer bij familie. Als eindwerk kreeg hij de opdracht zelfstandig en onder toezicht van een bekwame scheepsbouwer zijn kunnen te tonen. Het werk ging gepaard met de opmeting van de boot. Hij verwoordt het op de volgende manier: ... *Maete van den heemer welke ik Emanuel De Landtsheer gemaekt heb ten jaere 1789 op de zaete van Peter De Landtsheer waer ik dan knecht was, te weten voor Peter Collier* ...

Het resultaat van de reconstrucie is te zien op de prent. Het betreft een visserseemer met een grote beun. Zijn lengte over de stevens bedraagt 25 voet 3 duim of 7,07 m. De grootste breedte is 6 voet 6 duim of 1,81 m en de diepte van de wand in het midden bedraagt 23 duim of 0,575 m. Dergelijke boten waren toen nog zeer zwaar van constructie. De dikte van vlak en boorden bedroeg 1,5 duim en het houtwerk van binnen was in verhouding. Later zal dat veranderen. Na het midden van de 19e eeuw zakt de huiddikte naar 1 duim.

Voor gelegenheidsvissers en veermannen plaatste men een bakbeun in de romp. Een bakbeun bestaat uit twee dwarsstaande hoge waterdichte schotten op een korte afstand van elkaar en reikend tot boven. De beun van eemers voor de beroepsvisserij is meestal groter en eist een sterkere constructie. Zij kregen een dekenbeun, bestaande uit verschillende vakken afgedekt door een dikke plaat, de deken, toegankelijk langs de trog en afgedekt met deksels, anders gezegd luiken.

De boorden van deze eemer zijn samengesteld met drie tamelijk rechte planken. De zandboorden overlappen de zijkanten van het vlak en lopen vervolgens omhoog om te landen in de sponning op de stevens. Het zijn de eerste die worden aangebracht. De overblijvende driehoek wordt achteraf gesloten met afzonderlijke korte stukken, de geerden. Bovenaan liggen brede dolbomen die de koppen van de inhouten dekken. Ze dragen achter de voorste doft de pennen voor de riemen. Korte plechtjes maken de bovenbouw volledig. Een vissersboot was altijd voorzien van een vaste vloer en uitgerust met wegneembare delen boven de hoosgaten voor en achter de beun voor de verwijdering van het lenswater.

Emmanuel De Landtsheer geeft de opmeting van een viertal eemers, waarvan twee grote exemplaren zonder beun, de ene voorzien van een roer de andere met zwaarden. Twee schotten reiken tot aan de voet van de stevens en vormen een laadruim. De andere twee eemers hebben wel een beun, de ene een bakbeun de andere een dekenbeun. Ze zijn alle voorzien van een bolstaande boord. Die rompvorm is blijven bestaan tot aan de verdwijning van het type in de eerste helft van de 20e eeuw, zij het in een lichtere uitvoering.

61. Groningse sloep

In de 19e eeuw, wanneer weet men niet precies, ontwikkelde zich in het noorden van Nederland een sloeptype als schippersboot naar het voorbeeld van de Hamburgse havenjol. Nederlandse schippers die naar de Duitse Oostzeehavens voeren, spraken altijd en overal vol lof over haar goede eigenschappen en hebben haar imago in eigen midden verguld. In het prille begin van de 20e eeuw bouwde een Nederlandse schipperszoon, met de naam Oorburg, te Veendam een dergelijke boot naar eigen inzicht, rekening houdend met de bijzondere eisen en raadgevingen van zijn medestanders. Het resultaat van zijn werk was een schot in de roos, want het was een begin van een rage die is blijven voortduren tot na het einde van de Tweede Wereldoorlog.

Een van de sloepen waarvan men met zekerheid kan zeggen dat ze van de gebroeders Cornelis en Roelf Oorburg is, wordt in het Veenkoloniaal Museum te Veendam bewaard, daar is zij trouwens opgemeten. Zij is gebouwd in 1947 voor de schippersfamilie Stemmer. Het tekort aan hout zou de reden kunnen zijn waarom zij op een platte kiel is gebouwd. Zij meet over alles 4,35 m bij een breedte van 1,65 m en een diepte van 0,70 m. Zij is gekenmerkt door volronde kimmen en is voor en achter lichtjes gepiekt.

Buiten het bovenste boord dat overnaads ligt, is de gehele romp gladboordig. Van binnen zit ze stevig in het hout. Het aantrekkelijke heeft ze in hoofdzaak te danken aan haar volmaakte vorm, want alle echte groningers waren zowel buiten als binnen met bruine teer behandeld, zonder het minste likje verf.

Onder de Belgische schippers bevonden zich eveneens liefhebbers van het type. In den beginne betrokken zij de sloep van de Nederlandse timmerbedrijven, maar dra werd ze ook hier nagebouwd. De werf van de Gebroeders Maes te Steendorp was een bedrijf waar men voor zulke boten terechtkon en ook te Antwerpen op de Dam bestonden twee timmerplaatsen die voldoende bekwame mensen in dienst hadden om ze te maken, zoals Schepens aan de Bredastraat en Franckaert aan de Samberstraat. Ook op sommige andere kleine botenmakerijen langs de Schelde stond ze af en toe op het programma.

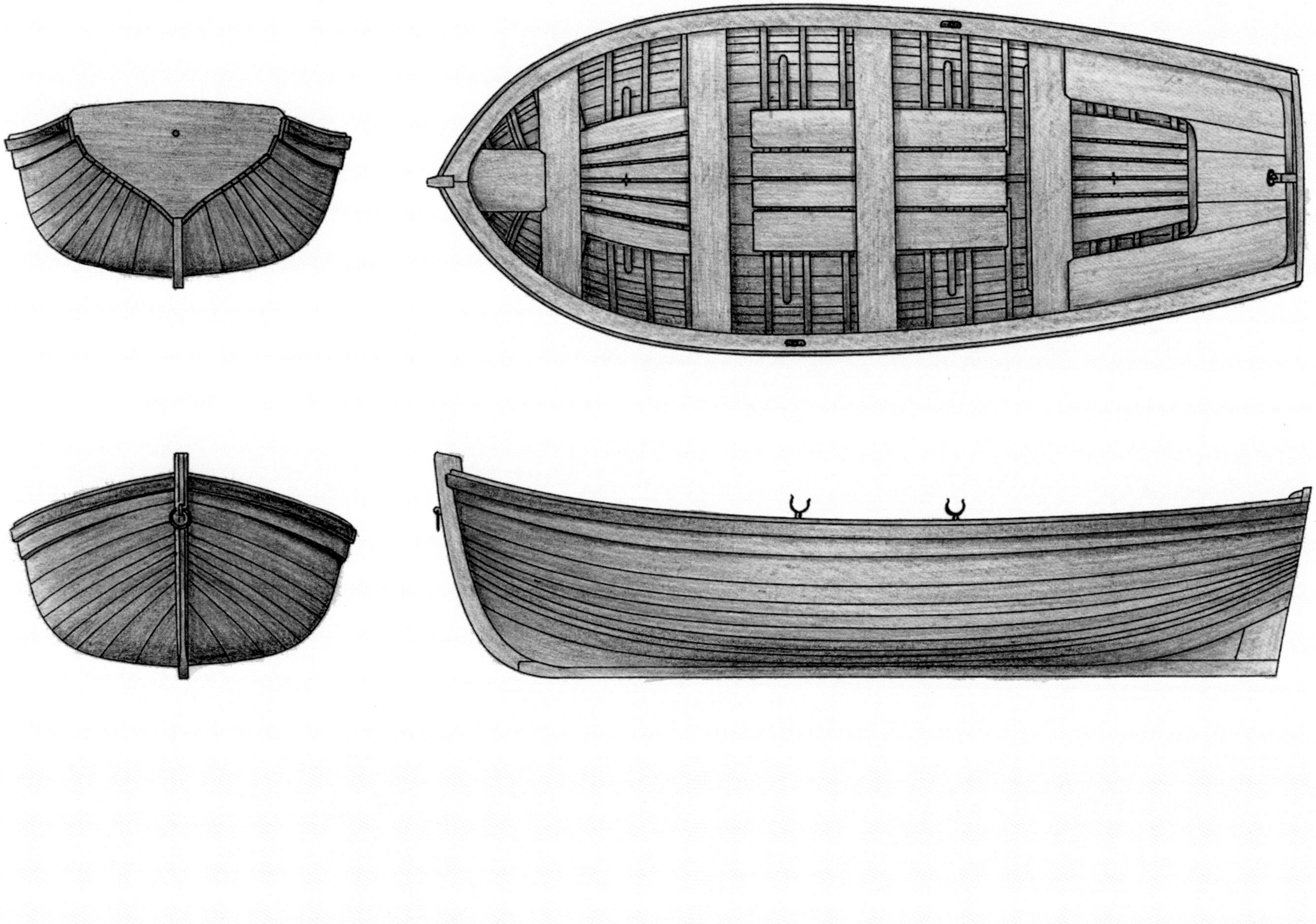

62. Groningse sloep, ca. 1920

Het Scheepvaartmuseum te Amsterdam mag zich de gelukkige eigenaar noemen van een ander mooi exemplaar. Voor de verwerving door het museum was ze de schippersboot van de steilsteven Risico, waarvan de heer Van Orsel schipper-eigenaar was. De bouw situeert zich rond 1920 en werd uitgevoerd door de gebroeders Cornelis en Roelf Oorburg die zich te Lemmer hadden gevestigd. De standaardlengte van een sloep over alles bedraagt 16 voet. In metrische maat, met als basis de Amsterdamse voet, brengt ons dat op 4,60 m. Op aanvraag werden ze groter of kleiner gebouwd.

De opmeting voor de tekening werd gemaakt toen ze op de Kromhoutwerf te Amsterdam stond om gerestaureerd te worden. Hoe modern de sloep ook mag lijken, ze is nochtans gemaakt op de oude manier van werken, op het oog en met de hulp van enkele sjablonen, net zoals alle andere schippersboten. Een bijzonder kenmerk laat toe om haar oorspronkelijkheid te beoordelen. De zandboorden achteraan de scheg lopen naar boven, rechtstreeks naar de spiegel. Volgen die planken de kiel, dan is het geen groninger.

63. Hollandse boot, Zeeuws type

Misschien was de Hollandse roeiboot wel de meest populaire kleine boot van Nederland. Niettemin was hij ook in Vlaanderen geen onbekende en dan denken we in de eerste plaats aan het Zeeuwse type. Hij fungeerde als bijboot van allerlei vissersvaartuigen uit het deltagebied, zoals hoogaarsen, hengsten, schouwen en boeieraken en knapte alle karweien op waar de grote schepen door hun diepgang niet bij konden komen, zoals het uitzetten van netten tegen de wal, het laden van mosselen en oesters op de zandbanken of het werken in de ondiepe perken bij eb.

Als volgboot van die schepen waren ze vaak te zien aan de vismarkten van Antwerpen, Gent, Mechelen, Leuven tot zelfs in Brussel, geladen met mosselen, kokkels of platvis. De Hollandse boot op de illustratie is een mooi voorbeeld. Hij heeft een lengte over alles van 5,16 m, een breedte op de berghoutlatten van 1,65 m en een diepte in het midden van 0,57 m. Hij maakt deel uit van de collectie van de Scheepswerven Baasrode, waar hij is opgemeten.

Het voornaamste herkenningspunt is zijn aakvorm. De planken van het vlak buigen vooraan en achteraan opwaarts tot boven toe en vormen gematigde overhangen. De zijwanden zijn samengesteld met twee boorden, waarvan het bovenste met een slag over het onderste ligt en een bolling in het boord brengt. De landing van de overslag zet zich in de koppen verder en is in de oploop van de heef trapvormig tegen elkaar uitgewerkt. Op de bovenzijde van de bovenboorden ligt een brede berghoutlat. Daarboven bevindt zich een dik naar binnen vallend boeisel. De koppen van de boeisels versmallen aan de einden in hoogte en eindigen op een kleine afstand voor de dubbelingen op de kop. In de boeisels zijn halve vierkante openingen gemaakt voor de hoekige knoop van de riemen. Alle houten liggen haaks op de huid, de inhouten met de poot midden tussen de wrangen. Elke kop is voorzien van een opstap en onder de achterboeg liggen scheg en stevenhout in één lijn.

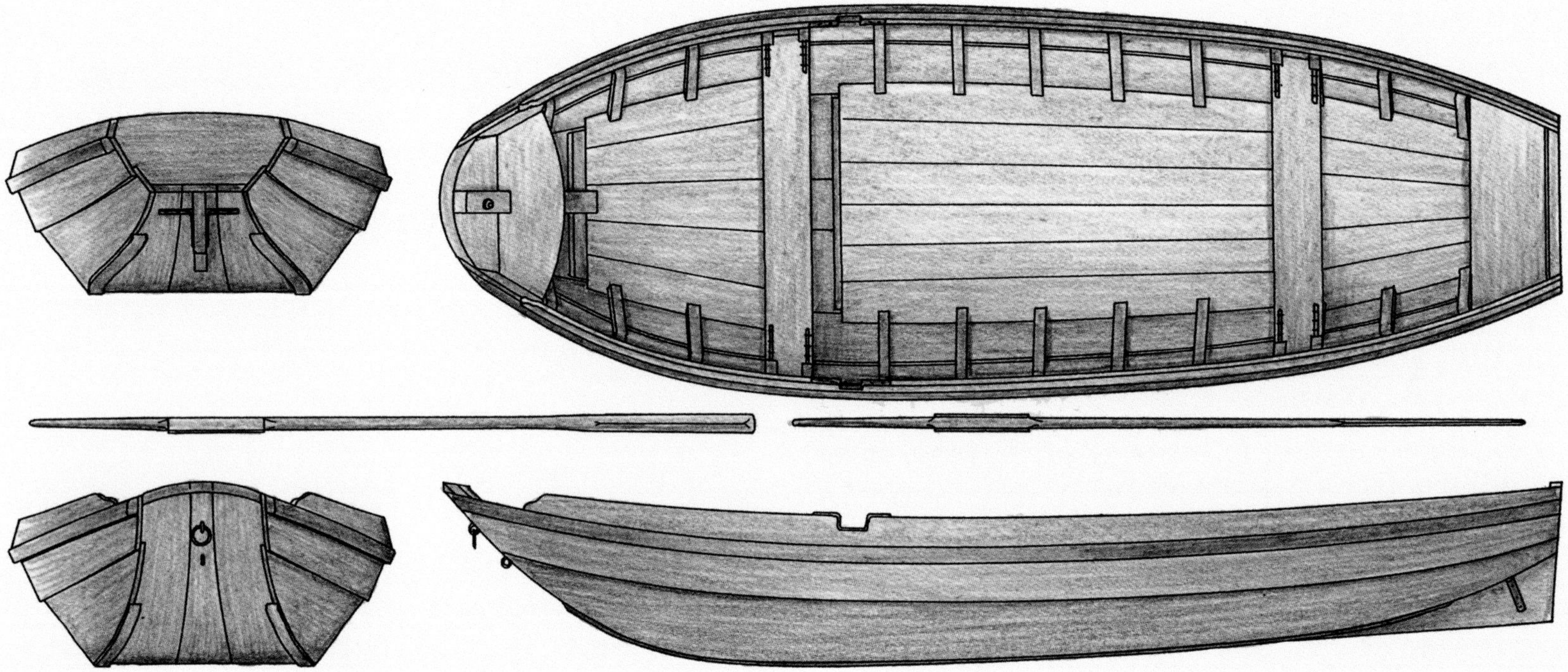

64. Hollandse boot, Zeeuws type met spiegel

De gewone Hollandse roeiboot van het Zeeuwse type kende een variant met een achterspiegel. Een spiegel geeft de boot daar meer drijfvermogen, wat bij sommige werkzaamheden goed van pas komt. Het is een werkboot geweest voor vissers en de diensten van Rijkswaterstaat in Zeeland. Het exemplaar op de tekening is eigendom van het Museum aan de Stroom te Antwerpen en lag destijds in de open loods naast het Steen. Hij is daar opgemeten.

Simon en Dirk Van Duivendijk uit Tholen bouwden hem in 1946 als werkboot van een hoogaars om hulp te bieden in de mossel- en oesterkweek en de botvisserij. Na een hele geschiedenis werd hij door visser Marinus Bogert uit Tholen aangekocht en gedurende jaren gebruikt in de kleine paling- en botvisserij. Er werd een zeiltuig op gezet voor de verplaatsing van en naar de visgrond. Toen Marinus te oud werd om zijn beroep nog voort uit te oefenen, schonk hij hem aan het Antwerpse museum. De afmetingen bedragen 5,85 m x 2,05 m.

De dienst Rijkswaterstaat heeft bij Van Duivendijk verschillende van die boten laten maken. Het Scheepvaartmuseum van Baasrode heeft ooit een exemplaar van 8 m lang en 2,34 m breed in bezit gehad. Onder de berghoutlatten waren op regelmatige afstanden staande, houten spieën aangebracht. Die spieën verhinderden de boot op een getijdewater met het berghout te blijven haken aan beschoeiingen, stenen of andere uitsteeksels aan de kade of een meerpaal. Naar alle waarschijnlijkheid is het ooit een peilboot geweest van de Rijkswaterstaatdienst.

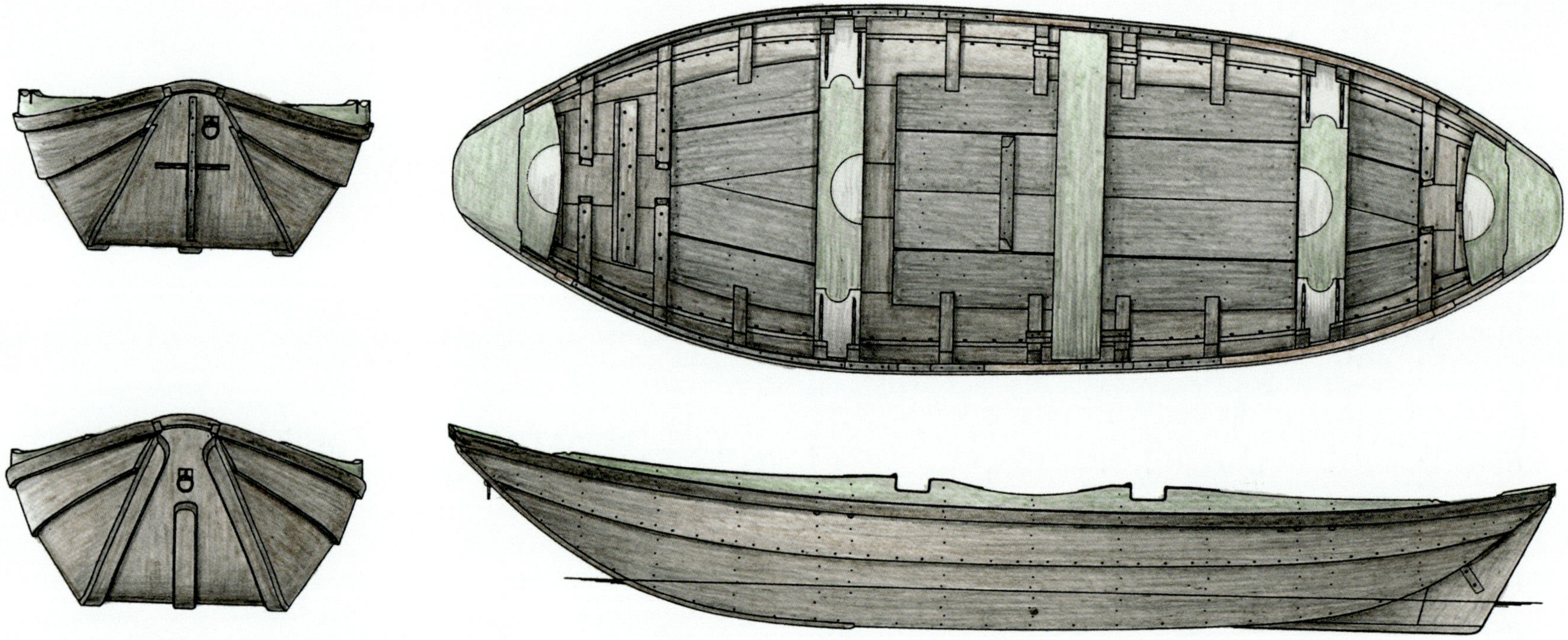

65. Hollandse boot, Sliedrechts type

Deze boot vertoont op het zicht weinig verschil met het Zeeuwse type. Het enige wat direct opvalt, is de vorm van de boeisels. De roeipoorten zijn net als bij zijn Zeeuwse broer uitgespaard in het boord, maar de holle lijnen die de poorten verbinden, veranderen het silhouet, ze zijn sierlijker. Minder in het zicht vallend, maar even typerend is de zware bouw. Alles is een beetje dikker en sterker uitgevoerd. Onder de voorste heef zijn stevige latten geplaatst die hem moeten beschermen als hij de zand- of keioever van de rivier opvaart of er tijdelijk moet aanleggen. Afwijkend van het Zeeuwse type staan de inhouten oplangen, zoals men ter plaatse zegt, niet haaks op de huid, maar haaks op de centerlijn, wat voor gevolg heeft dat hoe meer de houten opschuiven naar de koppen des te schuiner de achter- en voorzijde wordt.

Zowel beroeps- als gelegenheidsvissers verkozen hem boven andere soorten. Deze boot is eigendom van Rijkswaterstaat te Tiel en was in gebruik als peilboot. Hij wordt nog altijd keurig verzorgd en gekoesterd, maar het global positioning system (gps) heeft de peilstok vervangen en men beschikt nu over motorboten. De oude boot is ter plaatse opgemeten. De afmetingen zijn in 't kort: 5,16 m x 1,72 m x 0,605 m.

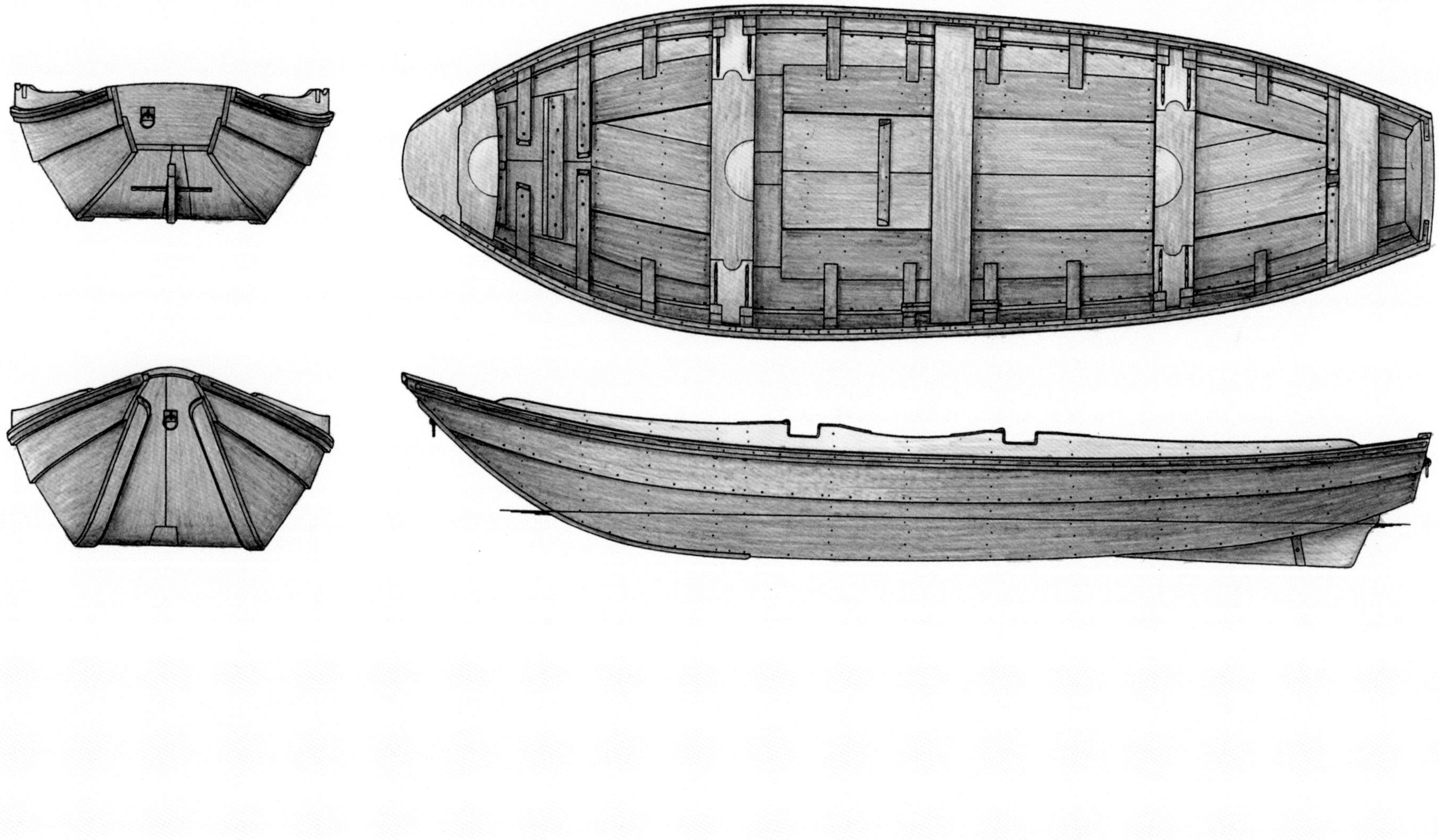

66. Hollandse boot, Sliedrechts type met spiegel

Ook het Sliedrechts type heeft net als het Zeeuwse een uitvoering gekend met een kleine achterspiegel. Met een lengte van 5,55 m en een breedte van 1,76 m, was hij maar weinig groter dan de peilboot van Tiel. Het grotere draagvermogen achteraan en het platte vlak van de spiegel moeten door sommige gebruikers ervaren zijn als een voordeel. Vooral het Gemeentelijk Havenbedrijf van Rotterdam was een geregelde afnemer.

Bij een bezoek aan de bootbouwerij van Arie Nieuwendorp te Sliedrecht, aan de Lek, waar ze werden gebouwd, lag in de jaren tachtig van vorige eeuw een exemplaar in de werkplaats voor een grondige herstelling, een mooie gelegenheid om hem op te meten. Hij was niet voorzien van staande spieën onder de berghouten, maar de scheepsbouwer vertelde dat hij ze op speciaal verzoek, verschillende keren heeft geplaatst. Ook bij dit exemplaar staan alle oplangen haaks op de centerlijn en kregen een schuine rug in overeenstemming met de plaats waar ze thuishoren. Ze rusten op het vlak met een lange poot en reiken bijna tot het midden. De liggers tussen de poten voegen aan beide zijden tot tegen de huid en maken lokgaten aan de onderzijde noodzakelijk.

Sommige rijke lui uit de omgeving schaften zich een dergelijke boot aan als pleziervaartuig, plaatsten achter op de spiegel een buitenboordmotor, lieten hem binnen en buiten in de lak zetten, het onderwaterschip behandelen met een koperhoudende antifouling en afwerken met een mooie, witte waterlijn. Ze stonden gekend als notarisbootjes.

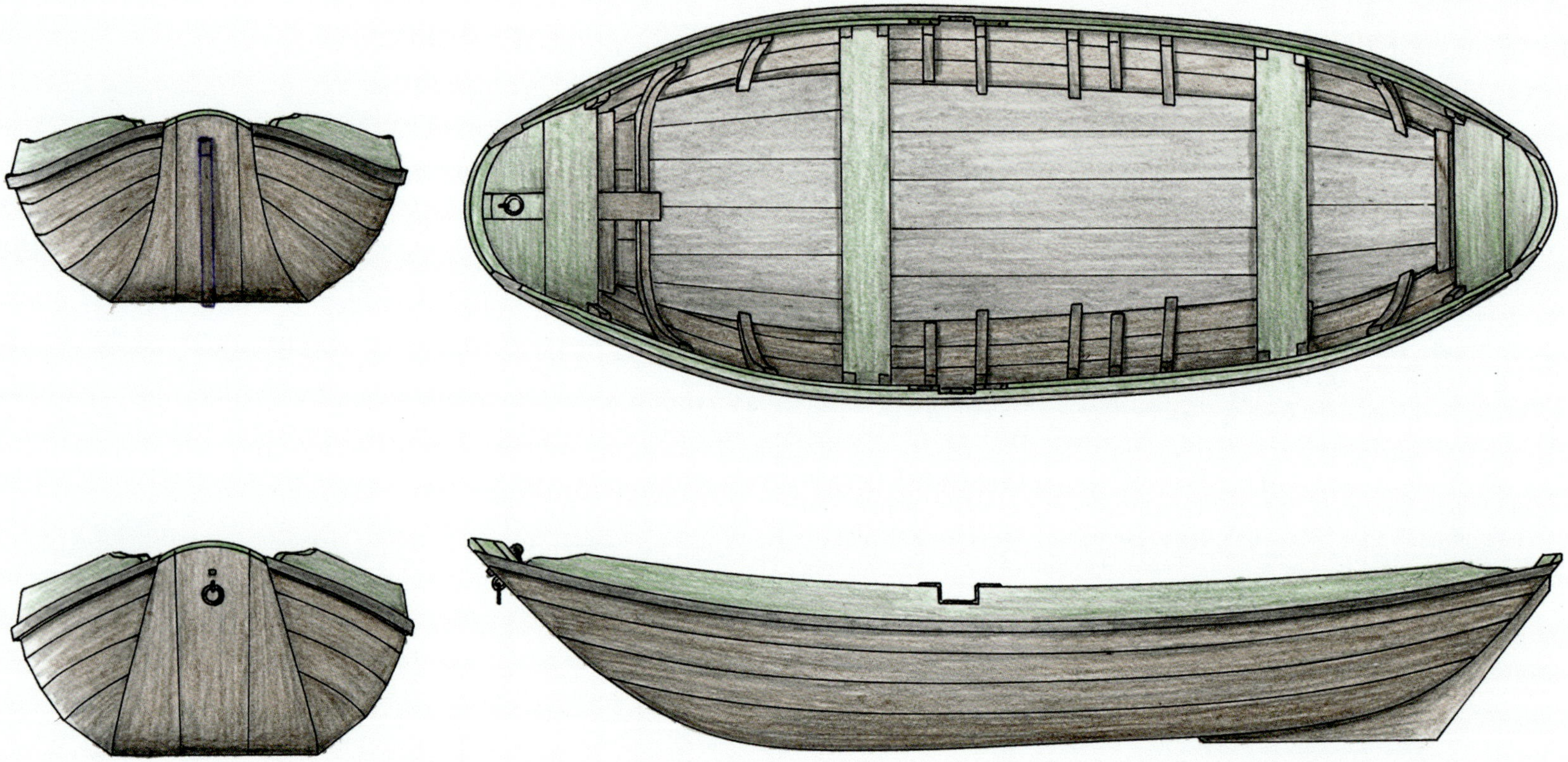

67. Hollandse boot, doesburger

Doesburg, een stadje aan de IJssel in de nabijheid van Arnhem, ligt ver van de delta van de grote rivieren. Ook in dit Hanzestadje is een Hollands boottype tot ontwikkeling gekomen. Het lijkt op de andere types, maar bij nader toezien komen duidelijke verschillen aan het licht. De wanden van de Zeeuwse en Sliedrechtse variant zijn overnaads gedekt met twee boorden, de doesburger daarentegen heeft daar vier smalle, gladliggende boorden, gevolgd door een breed berghout en een dik boeisel, terwijl de vorm van het geheel rond uitvalt. Achter de roeidoft bevindt zich de vierkante poort met ijzeren beslag voor de roeiriemen.

Merkwaardig sluit het vlak tegen de wanden in verstek. Nog een toepassing waardoor hij zich onderscheidt van de andere. Die verbinding eist natuurlijk voldoende hout voor de versterking van de kim. Daarom heeft men de liggers breed genomen en reiken ze tot tegen de zandboorden. De doesburger staat gekend als schippersboot. De afmetingen zijn dan ook in overeenstemming met die functie. Hij heeft een lengte van 4,46 m, een breedte van 1,67 m en een diepte van 0,62 m.

Hij is opgemeten in het Zuiderzeemuseum te Enkhuizen. Het Museum aan de Stroom te Antwerpen is eveneens in het bezit gekomen van een dergelijk exemplaar. Die is gebouwd door Kamiel Verras te Paal in Zeeuws-Vlaanderen. Het nabouwen van een type in een heel andere streek kan gelden als een bewijs van de populariteit die het eertijds heeft genoten. Er zijn ooit in nog andere streken van Nederland Hollandse boten gebouwd. Die zijn echter verdwenen zonder sporen na te laten. Van sommige is de naam gekend, waaronder het Hasselter en het Boskoper type.

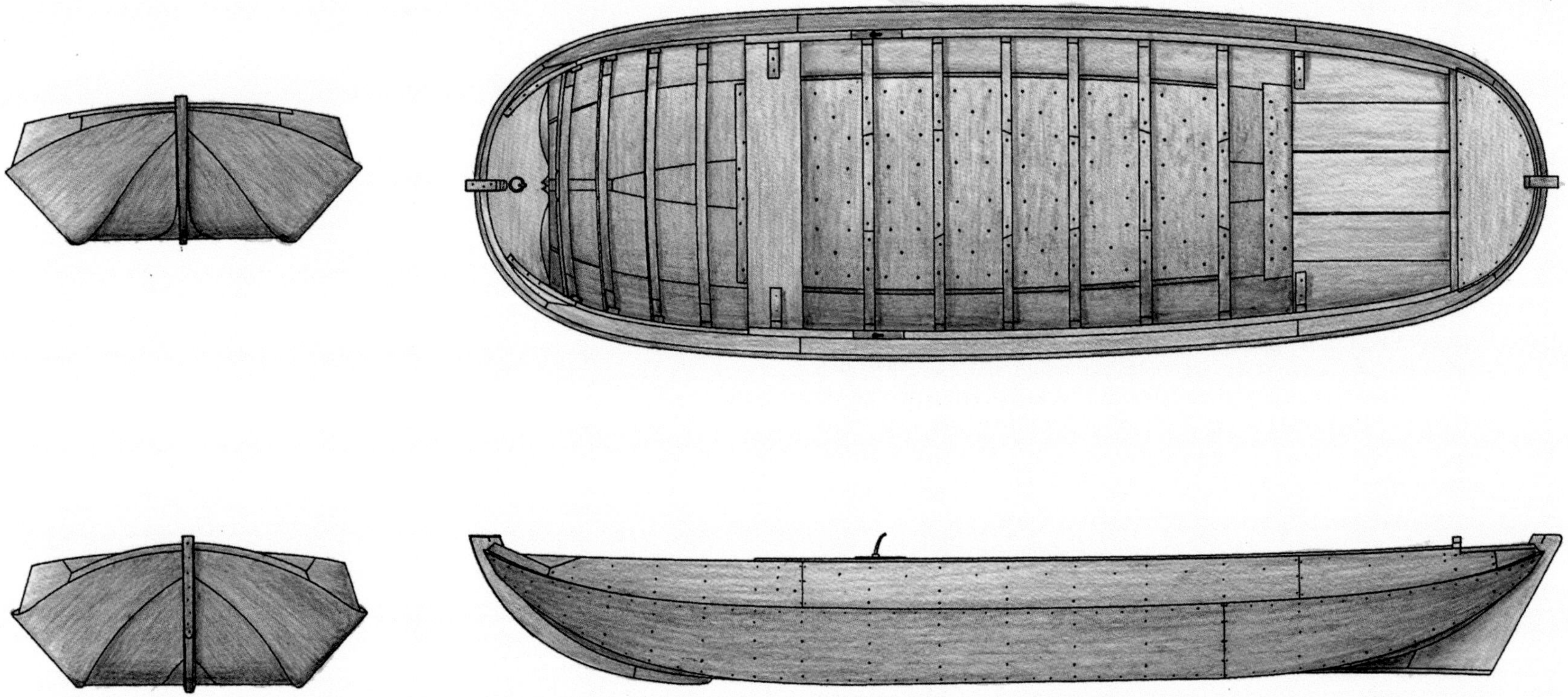

68. Friese roeiboot

Van Friesland, de Nederlandse provincie die met haar rug grenst aan de oostelijke zijde van de vroegere Zuiderzee, kan men alleen maar mooie schepen verwachten. De Vlamingen keken er met bewondering naar op. Zelfs van de gewone kleine werkboten wisten ze daar sierlijke en in het oog springende werkstukjes te maken.

Het voorgestelde model komt uit de verzameling van het Zuiderzeemuseum te Enkhuizen en werd daar opgemeten. Hij is 4,65 m lang, 1,55 m breed en 0,50 m diep. Voor een boot van die lengte tamelijk ondiep, bijzonder omdat de zeeg tamelijk gestrekt ligt. De boot is gekenmerkt door schuinstaande naar binnen vallende, brede boeisels die naar de stevens toe sterk vernauwen. De onderboorden zijn gemaakt uit één brede plank, aan de bovenzijde horizontaal glad geschaafd en over de volledige lengte van voor- tot achtersteven voorbij de boeisels naar buiten stekend, een berghout ontbreekt. Van onder overlappen ze het vlak ongeveer een duim en eindigen tegen de stevens overnaads. De boeisels landen van voor op een dik, massief bord en worden met gebrande driehoekige stukken opgevuld. De stevens hebben aan de binnenzijde een open sponning waarin de koppen van de zijwanden worden vastgenageld, net andersom als normaal. Even typisch is de afwerking van het achterste deel van de vlakplank en de scheg. Beide buigen naar beneden. Zeer afwijkend van het gewone werk, maar wel praktisch, omdat de bestuurbaarheid bij het roeien of de plaatsing van een eventueel roer de bestuurbaarheid zal verbeteren.

Bij dit model zijn de boegen cirkelvormig rond. Er waren ook andere vormen in gebruik. Op enkele foto's en afbeeldingen ziet men ze met stompe koppen, dus uitvoeringen van een andere werf. Nog een aparte toepassing zijn de dwarsliggende dikke planken tussen de liggers op het vlak. Ze zijn korter, zodat opzij in de kim een geul ontstaat waar het lenswater kan afvloeien naar de hoos voor de roeidoft of het achterschot. Zij vervangen op een praktische manier de lokgaten midden onder de liggers. Die dwarse opvullingen zijn nagelvast met het vlak verbonden en doen dienst als vloer of wegering zo men wil.

Friese boten waren in gebruik als boerenboten, zeldzamer als schippersboot en gewild in de visserij. Uitgerust als vissersboot waren ze voorzien van een bun onder de achterdoft, afgewerkt met een waterdicht schot en onderaan voorzien van gaatjes in de romp.

69. Friese wildschieter

De boot dateert uit een periode toen het jagen op waterwild, zoals ganzen en eenden, nog geen doodzonde was. Constructief is hij identiek aan de gewone roeiboot, maar een beetje lichter van structuur. Het opgemeten model staat tentoongesteld in het Zuiderzeemuseum te Enkhuizen en is daar eveneens opgemeten. De lengte over de stevens bedraagt 4,15 m. De grootste breedte in het midden is 1,25 m en de diepte slechts 0,39 cm. De geringe diepte springt onmiddellijk in het oog. Die was echter nodig om het wild ongemerkt te benaderen.

De jager lag met zijn volle lengte plat in de ruimte achter de mastbank, de lange buks van meer dan twee meter schietensgereed, de loop liggend in een van de twee uithollingen in het voorbord en de kolf op de doft. De buks, ook ganzenroer genoemd, was geladen met hagel. Ganzen en eenden hebben de gewoonte zich in grote zwermen te verplaatsen naar een foerageergebied, waar ze naartoe gelokt worden door enkele nepvogels op het water, terwijl de jager met een geschikt apparaatje de roep van de dieren nabootst. Een goed gemikt schot doodt niet één dier, maar meestal een aantal. Samen met de gekwetsten die niet meer kunnen opvliegen, is dat een mooie buit.

De wildschieter was geen goedkope boot. Hij werd door de eigenaars dan ook goed verzorgd. Zowel van buiten als van binnen werd hij in de blanke lak gezet en bepaalde attributen groen of wit geschilderd. Alleen het onderwatergedeelte werd zwart geteerd. Hij ging enkel te water voor de jacht, geen te zware klus, omdat hij gevoelig lichter van structuur was dan de gewone roeiboot. Na de jacht ging hij terug de schuur in. Hij was in sommige families het pronkstuk en kon generaties lang in dienst blijven.

70. Friese wildschieter, zeiltuig

Om zich naar een geschikte jachtplaats te begeven, was de wildschieter voorzien van een enkel zeil en een enkel zwaard dat bij het overstag gaan aan de tegenovergestelde zijde aan de dolpen werd opgehangen. De illustratie toont hoe de bolling in het zeil door de plaatselijke zeilmaker tot stand werd gebracht. De overlapping van de banen werd aan de boven- en onderzijde verbreed. De mast is niet voorzien van een voorstag of zijwant, dus heel eenvoudig te verwijderen.

71. Haringfuikenboot, Zuiderzee

Deze boot is gevonden en opgemeten in het Zuiderzeemuseum te Enkhuizen. Het is één van de kleine werkboten die door de grotere schepen als schokker en botter werden gebruikt bij het opstellen en bedienen van de fuiknetten. Het fuiknet is een lang rondgebreid net, opengehouden door een viertal ronde hoepels met een staart, achteraan voorzien van een sluiting en vooraan, naast de grote ronde opening, van twee uitwaaierende panden om de vis in de richting van het net te drijven. Met dergelijke netten werd in het vroege voorjaar op haring gevist die vanuit de Noordzee de plas kwam opzwemmen op weg naar geschikte plaatsen om kuit te schieten. Daarvan is de naam van de boot dan ook afgeleid. Het opstellen en het leeghalen van de netten, het tijdelijk opslaan van de vangst in de boot en ten slotte de aflevering van de vangst aan het in de nabijheid liggende grote schip, behoorde tot de taak van de fuikenboot.

Hij heeft een lengte over de stevens van 6,45 m, een breedte van 1,69 m en een diepte in het midden vanaf de bodem tot de zeeg van 0,58 m. Hij kenmerkt zich door de scherpe ellipsvorm van de romp. Het vlak buigt naar de einden lichtjes op en de kimmen blijven van voor tot achter de scherpe hoek tot tegen de stevens behouden. De forse stevens vallen naar buiten evenals de zijboorden die gedekt worden door middel van drie brede, overnaadsliggende planken. De koppen komen in de sponning van de stevens glad. Van binnen zijn tussen de liggers op het vlak dwarse vloerplanken aangebracht die nagelvast met het vlak verbonden zijn. Ze komen niet tot tegen de huid en laten een opening vrij voor het lenswater.

72. Kubboot, Zuiderzee

Wat men in Friesland een kub heet, is in Vlaanderen een palingkorf. Boot en kub hebben hier duidelijk het een en ander met elkaar te maken. De kub is een tenen mand die onderaan een grote waaiervormige opening heeft en binnenwaarts een constructie van twijgen als een toeter vormt, waar de paling zich wel kan doorwringen, maar niet terugkeren. De dikke buik van de mand vermindert naar boven in omvang tot een smalle hals met deksel voor het legen van de vangst en het inbrengen van het aas. Als men met het grote schip de geschikte visgrond heeft bereikt, begint de taak van de kubboot.

Geladen met een ontzaglijk aantal korven, staken en aas begeeft hij zich naar de ondiepte waar de vissers beginnen met de opstelling. Zij bevestigen de manden ter hoogte van de hals aan een eind touw en hangen die vervolgens aan een schuin in de bodem gedreven staak op een bepaalde afstand van elkaar. De rijen kunnen kilometerslang zijn. Er gaat zoveel tijd inzitten, dat men aan het einde van de rit kan terugkeren naar waar men begonnen is, en kan aanvangen met het verzamelen van de vangst en de kub van nieuw aas voorzien. De Scheldevissers in Vlaanderen bonden hun palingkorven met de hals op geregelde afstanden aan een zeer lang touw en lieten de korven op hun zij op de bodem liggen, het zeer lange touw vooraan en achteraan voorzien van een dreg en een baken.

De opgemeten kubboot, eigendom van het Zuiderzeemuseum te Enkhuizen, heeft een lengte over de stevens van 5,08 m, een breedte van 1,20 m en is in het midden 0,74 m diep. Het profiel toont een oplopende kop. Het platte vlak buigt achteraan flink naar boven. Beide stevens zijn rond en dik en de achtersteven staat bovenop een lange scheg. De wanden staan bol en worden gedekt met drie planken die breed in de sponning eindigen. Het bovenste boord valt iets naar binnen. De berghoutlat bovenaan zal bijgevolg weinig effect opleveren. Van boven bekeken, lopen de wanden tamelijk gestrekt en buigen vervolgens met een bocht naar de stevens. De boorden van de opgemeten kubboot liggen glad (karveel).

De kubboten van oudere datum waren overnaads. Men viste toen met sleepnetten van katoengaren, maar na de invoering van de goedkopere zijden netten, stelde men vast dat die vroegtijdig slijtageverschijnselen vertoonden als gevolg van het schuren over de oneffenheden van de overnaadse ribben, vandaar de omschakeling naar glad werk. De kubboot werd later ook ingezet als hulp bij het grote schip in de fuikenvisserij, maar de naam kubboot is hij nooit kwijtgeraakt. Er bestonden ook grotere kubboten voorzien van zwaarden, roer, bun en zeiltuig voor de kleine zelfstandige vissers.

73. Visschouwtje, Utrecht

Het bootje op de prent is heel eenvoudig van constructie, geschikt voor de gelegenheidsvissers van de stille waters tussen Utrecht en West-Friesland. De lengte over de spiegels bedraagt slechts 3,86 m, bij een breedte van 1,30 m en een diepte van 45,5 cm. Het behoort net als de vorige tot de collectie van het Zuiderzeemuseum te Enkhuizen.

Het bootje is gekenmerkt door zijn zachte lijnen. Het is begrensd door twee spiegels die lichtjes naar buiten vallen. De zeeg is niet overdreven en het platte vlak is diep boogvormig. Een breed en zeer naar buiten vallend onderboord en een bijna rechtstaand, overnaads geplaatst boeisel dekken de zijwanden. Ze vertonen weinig zwei en landen overnaads op de spiegels. Het vlak is binnen over de hele lengte versterkt met dwarsliggend hout, dat korter is dan de breedte van het vlak en toelaat lenswater te verzamelen rond een kleine bakbun waar het kan weggehoosd worden. Buiten de twee hoge schotten van de bun krijgt de romp op twee plaatsen nog steun van oplangen voorzien van een poot en verbonden met een tussenligger, de ene geplaatst onder de voordoft en de andere tussen de bun en de achterdoft. De bun ontvangt zijn water via een raster voorzien van gaatjes.

Voor de visserij op de Zuiderzee maakte men in Hoorn en omgeving gebruik van zwaarder gebouwde schouwen, uitgerust met een volwassen zeiltuig, roer en zwaarden. Ze werden in de streek spekbakken geheten, ten onrechte miskend, want het zijn goede zeilers.

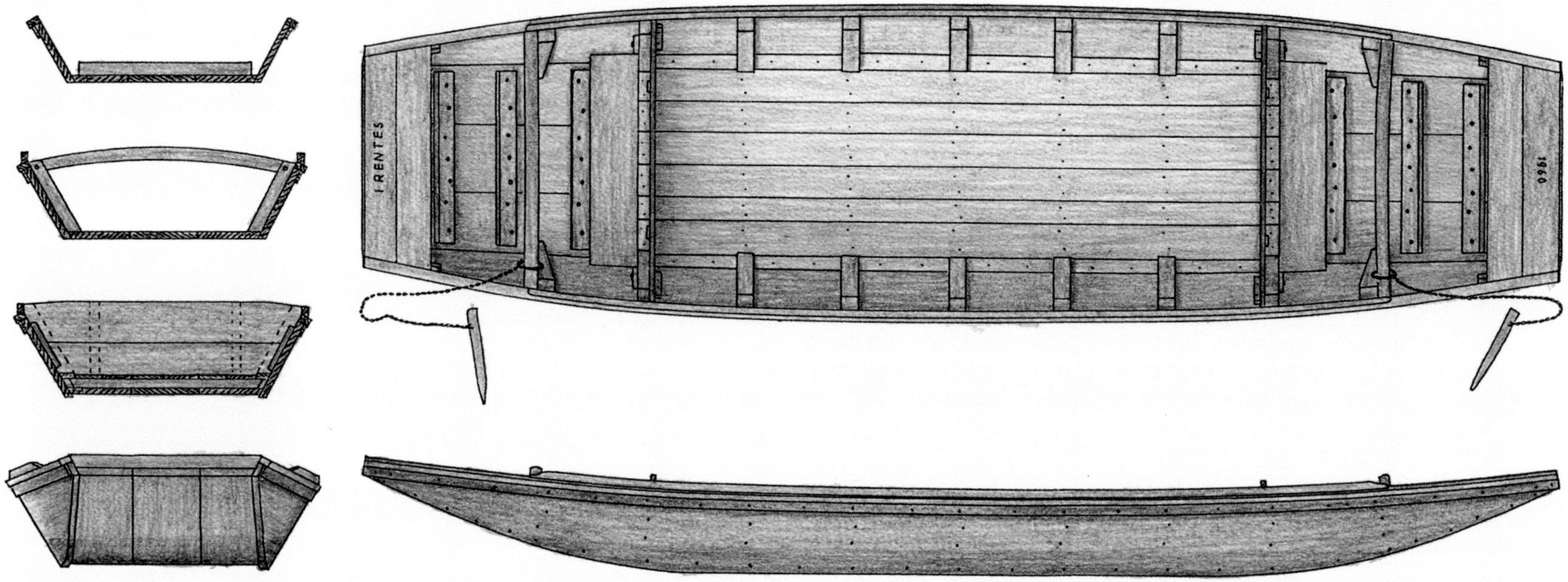
I RENTES
1960

74. Vletschouw, Boskoop

Tussen Alphen aan den Rijn en Gouda ligt het plaatsje Boskoop waarvan de naam verbonden is aan een bekende appelsoort. Op het erf van de Boomkwekerij Van den Akker lag in de jaren 1980 een flink uit de kluiten gewassen boerenboot. Men heette hem ter plaatse een vletschouw. Op het dikke en brede voorste boeghout, dat de functie vervult van houvast voor de omhoog gebogen vlakplanken, heeft de scheepsbouwer zijn naam gebeiteld *I Rentes* en achteraan, waar vorm en bouw identiek zijn, vindt men het jaartal van de bouw 1960. Dat was vragen voor een opmeting en een tekening.

De volledige lengte bedraagt 6,77 m bij een breedte van 1,74 m. De naam vletschouw is eigenlijk een samenstelling van twee verschillende types, waarbij de naam vlet duidelijk de bovenhand heeft. Voor de rest lijkt ze meer op een oude veerpont. Zoals elke boerenboot is ze zwaar van hout en gebouwd om in een waterlandschap fruitbomen te kweken en te verzorgen en werk te verrichten dat een andere landbouwer met paard en kar doet.

De middenstrook van de bodem is recht en plat en buigt voor en achter na een flauwe bocht zeer langzaam naar boven. Beide zijwanden bestaan uit één brede, schuinstaande plank die aan de bovenzijde gedubbeld is met een lat en overdekt met een dolboord en opstaande richel. Aan de einden van de richel ligt aan de binnenzijde voor en achter een zware, gebogen weegboom, om de boot met een lange staak van op de wal voort te duwen. De onderzijde van de zijwand laat men een duim onderuit steken waarna de rand in de bocht verdwijnt en glad komt met het vlak.

Binnen in de romp zijn de liggers en oplangen even dik en breed. In de kim is geen poot of knie aangebracht, maar de liggers zitten wel met de koppen in een hak onderaan de houten en op een kleine afstand voorbij de weegbomen staan twee wegneembare schotten die het ruim afgrendelen. Tussen de schotten zorgen zes planken voor een spijkervaste vloer. Drie ingekorte liggers in de oplopende boegen geven een afloop voor het lenswater naar de hoos, die gedekt wordt met een dwarsliggende plank. Aanmeren doet men met een lange houten pen waaraan een ketting zit, vastgemaakt aan een ring op de weegboom.

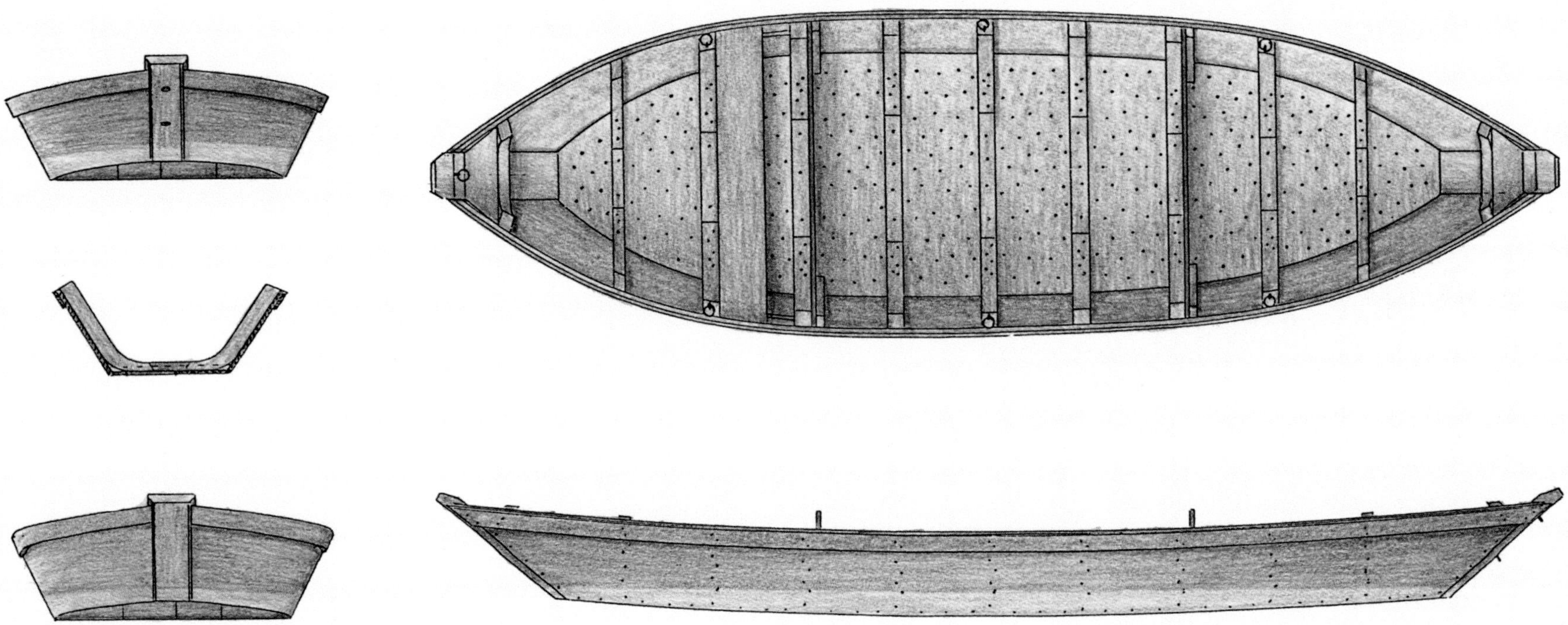

75. Praam, Vinkeveen

Een heel eind boven Boskoop liggen boerderijen en landbouwgronden verspreid in het waterrijke plassengebied van Vinkeveen. Het bezit van enkele schuiten om zich te verplaatsen was in het begin van de vorige eeuw, met weinig autoverkeer en onaangepaste wegen, nog een dwingende noodzaak. De grootste en belangrijkste schuit heette men een praam. Vanwaar die naam komt, is niet duidelijk. Praam is de oude benaming van een groot binnenschip dat wat vorm en uitzicht betreft, niet de minste overeenkomst vertoont met deze boerenschuit. Het exemplaar dat in 1983 op het erf van een boerderij gevonden werd, was nog in goede staat en waard om opgemeten te worden.

Over de stevens is ze 6,53 m lang en 1,86 m breed en heeft in het midden een diepte van 42 cm. Het meest opvallende bij deze boot zijn de brede, dikke en vallende voor- en achtersteven, als men ze zo benoemen mag. Van vorm en uitzicht zijn ze gelijk en ze lijken bovendien meer op smalle spiegels dan op stevens. De bodem is over zijn volledige lengte lichtjes gebogen en volledig plat. De zeeg vertoont hetzelfde profiel en geeft zijwanden te zien uit één breedte die over de hele lengte dezelfde hoogte aanhouden.

Bovenaan worden de zijwanden gedubbeld met een brede lat die dienst doet als berghout. De oplangen tegen de binnenwand zijn vierkant dik, boven haaks afgezaagd en eindigen in de kim met een lange, dun uitlopende poot die op het einde de dikte heeft van de dwarse vulstukken op het vlak. In het midden is het gat tussen beide poten gevuld met verkorte liggers. Poten en vulstukken zijn met houten nagels aan het vlak verbonden en vormen een gladde vloer waar het lenswater zich in het midden verzamelt.

De praam heeft vooraan een doft die glad ligt met de bovenzijde van de berghoutlat en daarachter houten dolpennen. In het midden is een afgesloten ruimte voorzien, begrensd door twee wegneembare schotten en tot slot, boven de stevens heeft men een stevige, horizontaal liggende knie gemonteerd om de punt van de wanden met elkaar te verbinden.

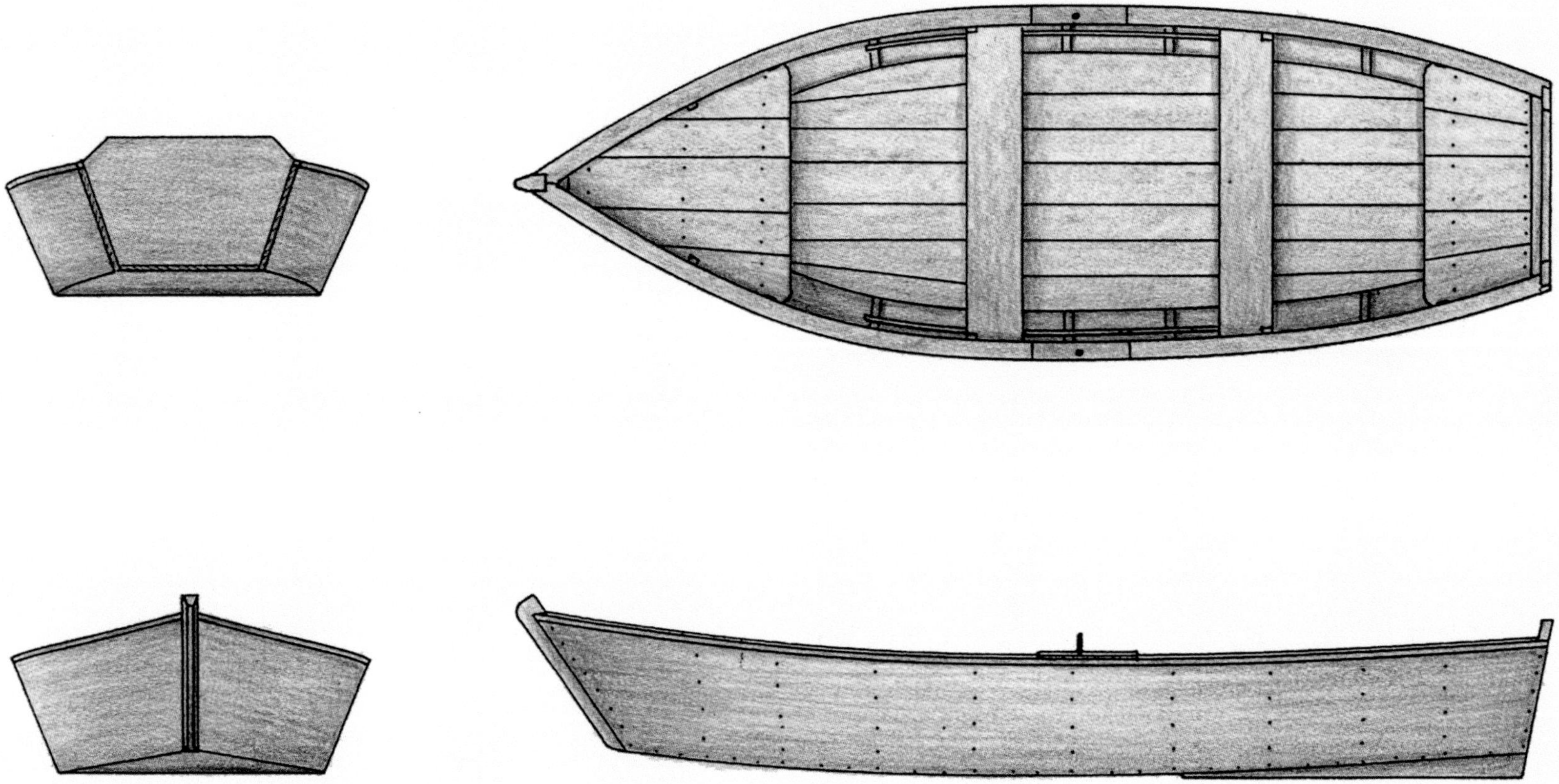

76. Barquette, Sint-Omaars

In de noordwestelijke hoek van Frans-Vlaanderen mondt de korte stroom Aa, die in Boorten (Bourthes) in de Artesische heuvels ontspringt, uit in de zee te Grevelingen. Voor Sint-Omaars, een stad die een dertigtal kilometer van de monding verwijderd ligt, maakt de rivier een bocht en trekt een geul naar zee. De Romeinen hebben van deze vaarweg nog gebruikgemaakt en via die route Sint-Omaars bereikt. De volledige monding strekte zich toen uit van Grevelingen tot Duinkerken, waartussen zich een waddengebied bevond dat bij hoogwater het uitzicht had van een binnenzee en bij eb veranderde in een moeras doorkruist met geulen en banken.

Toen rond het jaar 650 zich monniken te Sint-Omaars vestigden, verhoogden zij de hoogst liggende banken in de omgeving van de stad met de bedoeling zelfvoorzienend te leven en begonnen de verzopen gronden in cultuur te brengen. De weinige bewoners volgden het voorbeeld, maar het heeft eeuwen geduurd voor men kon spreken van de polders in de Audomarois, zoals men de streek nu benoemt.

Het spreekt voor zich dat de werkzaamheden in het gebied het gebruik van vaartuigen vereisten, welke vaartuigen blijft natuurlijk de vraag. In het jaar 1980 bestonden er drie types, de barquette, de escute en de bacôve. Of dat de boten waren waarmee de monniken destijds hun onderneming aanvingen, is niet waarschijnlijk. We zullen de verschillende types een voor een de revue laten passeren.

De kleinste, een eenvoudige roeiboot, heet men een barquette. Hij is opgemeten in het werkhuis van Bernard Colin te Sint-Omaars, de laatste in de streek die nog boten kunnen maken. De boot was nog niet volledig afgewerkt, maar toch voldoende om hem op te meten. Hij heeft een lengte van 3,78 m en een breedte van 1,30 m en lijkt op een Vlaamse boot. Hij onderscheidt zich er echter van door zijn volledig plat vlak, dat van de Vlaamse boot staat bol. Verder is alles gematigd zoals de boog van de zeeg en het vlak, de helling van voorsteven en spiegel en de schuine stand van de zijwanden, eenvoudig en bijgevolg goedkoop. Hij is van binnen voorzien van twee plechtjes en twee doften. De voorste doft moet het doen met rechtstaande ijzeren dolpennen en de vloer is samengesteld uit drie afzonderlijke panelen waarvan de naad onder de doften ligt.

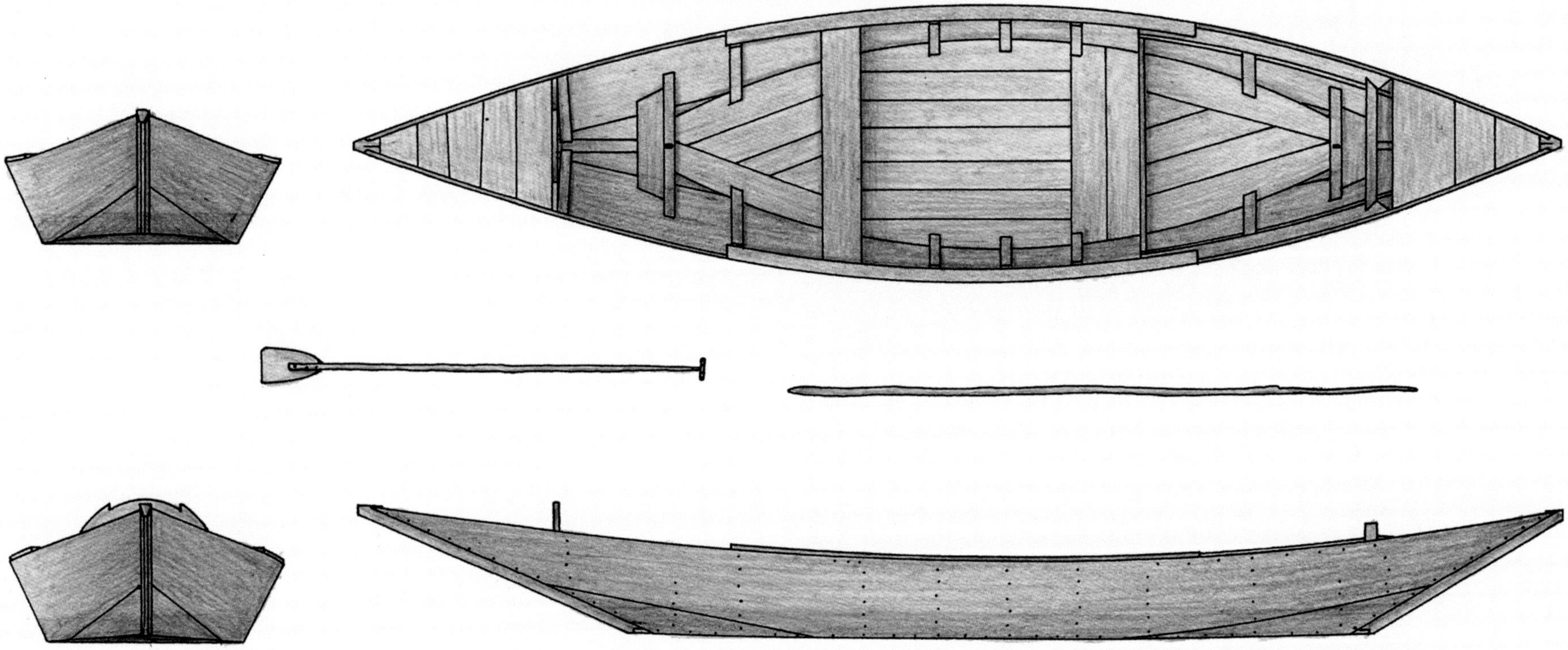

77. Escute, Sint-Omaars

Deze boot lag op de wal naast de werf en is helemaal anders van uitzicht en constructie dan de barquette. Over de stevens bedraagt de lengte 5,58 m bij een breedte van 1,24 m. De escute is zonder twijfel ingevoerd door de contacten die er ooit zijn geweest met de Hollandse provincies in verband met het aanleren van inpolderingstechnieken. Albert Colin bouwde de boot in 1940 voor zijn buur. Het is de enige die nog zijn oorspronkelijke achtersteven heeft. De andere die later volgden, zijn alle voorzien van een klein driehoekig achterspiegeltje voor de bevestiging van een buitenboordmotor.

Bestelde men een nieuwe escute dan werd met de lengtemaat over de stevens geen rekening gehouden, men verwees naar het aantal wrangen, liggers geheten, en houten tussen de schotten. De opgemeten boot had er drie, dat was de kleinste: un trois wrangs. Zo had men buiten die maat escutes van vier, vijf, zes en zeven wrangen, waarvan de laatste een lengte over de stevens had van 8,30 m. Die kon tot twee ton laden, maar de meest courante maten waren de quatre en cinq wrangs, met een laadvermogen van respectievelijk een halve en één ton.

De escute is een elegante verschijning. Het profiel is gekenmerkt door een diepe zeeg en uitzonderlijk vallende stevens. Het platte ellipsvormige vlak is in het midden recht tot waar de brede zijboorden beginnen op te lopen naar de sponning in de stevens. Op dezelfde plaats krijgt het voorste en achterste deel van het vlak een kleine opwaartse lift van een drietal centimeter, zodat de voet van de stevens boven de horizontale basis komt te staan. De zijboorden van één breedte vallen ruim naar buiten, volgen de ellipsvorm van het vlak en landen met de kop hoog in de sponning van de stevens en geven, samen met de holle zeeg, de boot een exotische uitstraling. De driehoekige openingen worden later dichtgemaakt met in de lengte lopende driehoekige stukken. De gepiekte einden zijn bedekt met een kleine plecht, vooraan afgeboord met een rond gekarteld weegbord en achteraan, voor het plechtje, met een massief ronde weegbalk. Tussen die balk en het achterschot zijn aan de binnenzijde dikke vierkante keperingen aangebracht en zijn de koppen van de houten tussen de schotten haaks afgezaagd. Het dolboord dat er bovenop ligt, zal bijgevolg de schuine stand van de zijwanden aannemen.

De escute is uitgerust met drie vloerpanelen, het paneel in het midden is begrensd door twee losse planken die de ruimte van de hoos afdekken. Er was niets voorzien om te roeien, voortbewegen kon alleen door middel van een lange pagaai, een weegboom vanop de oever, of door al staande in de boot zich voort te duwen met een vaarboom. Het gebruik van een buitenboordmotor was pas mogelijk toen die zijn ingang vond in 1940, maar toen verdween het mooie achtertipje van de steven dat werd vervangen door een rechthoekig spiegeltje.

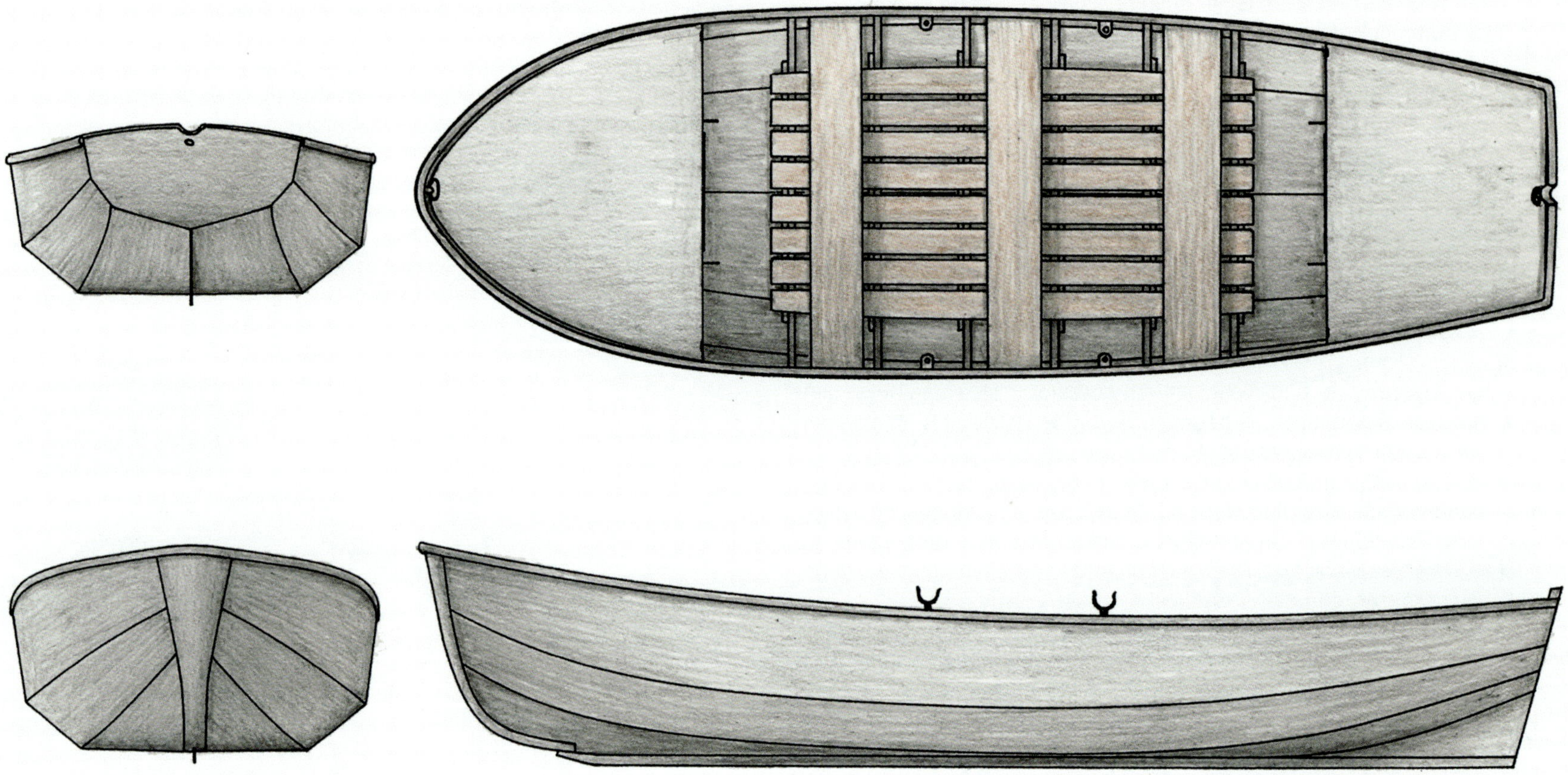

79. Werkboot, grote sloep, Antwerpen

Hier krijgen we te maken met de ijzeren werk- en schippersboten uit de periode tussen de late 19e eeuw en de zestiger jaren van de 20e eeuw. De sloep waarover het nu gaat, was een werkboot in de haven van Antwerpen. Hij was niet zo overweldigend vertegenwoordigd als de schippersboten. Waarschijnlijk zitten zijn omvang en gewicht daar voor iets tussen. Zijn volledige lengte bedraagt 5 m en de breedte in het midden 1,62 m. Bestemd voor het zware werk was hij in dienst van pontons, drijvende kranen, graanzuigers, baggerschepen en dergelijke.

Hij werd gebouwd op de kleine werf van Vink gelegen aan de Rupel in de omgeving van Boom. Een goede foto van die werf toont hem samen met nog andere soortgenoten op de helling, wachtend voor verkoop. Hij is gebouwd op een rechte kiellat. Vooraan heeft hij een uitwaaierende plaatsteven en achteraan een schuinstaande spiegel. Binnen de voorsteven is een ring aangebracht en in het midden van de achterspiegel een open gat voor de wrikriem. De romp is aan elke zijde gedekt met drie brede platte boorden van 3 mm dik, de bodemplaat, het kimboord en het bovenboord. Hij is in zijn geheel omzoomd met een plat, halfrond profiel.

Omdat het een open ijzeren boot betreft, werd hij vooraan en achteraan voorzien van twee grote waterdichte bakken, groot genoeg om de boot bij omslaan, drijvende te houden. Die uitvoering was wettelijk verplicht voor alle schippersboten. De plechten van die bakken liggen verzonken, zijn lichtjes gebogen en wateren naar binnen af. Aan de rechte binnenzijde is een mangat voorzien met een deksel en daarnaast bevinden zich de ogen voor het vierspan.

Voor de versteviging van de romp aan de binnenzijde zijn zes L-vormige profielen uit één lengte gebruikt. Er is een houten vloer voorzien van twee panelen, de drie doften liggen in open dozen en zijn gemakkelijk te verwijderen. De voorste twee zijn uitgerust met dolpotten voor het gebruik van riemen. Alles aan deze sloep is laswerk. De huiddikte van de romp bedraagt 3 mm.

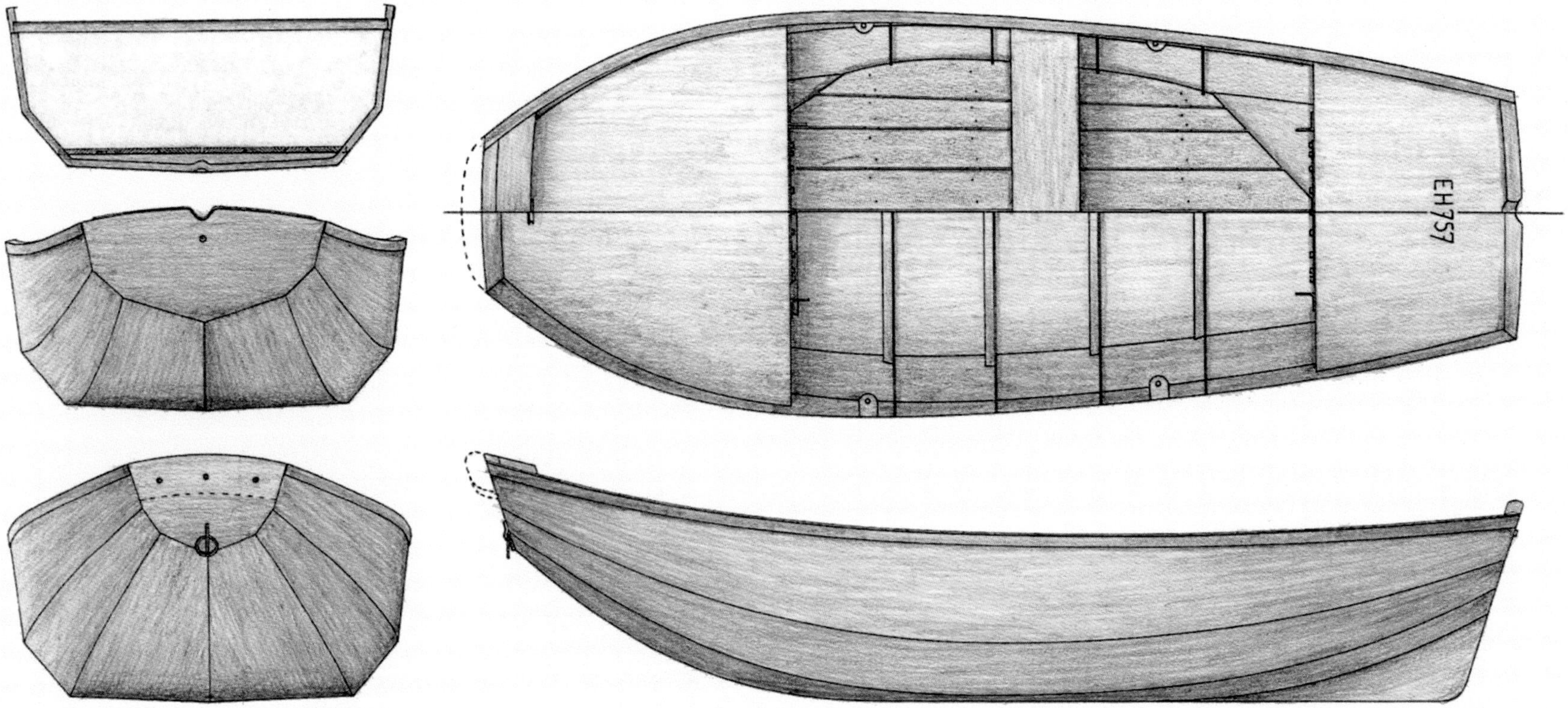
EH757

80. IJzeren jol

De boot heeft jaren tentoongesteld gestaan nabij de getijdemolen van Rupelmonde en is in het jaar 1994 opgemeten en getekend. Over de geschiedenis van de boot wist niemand iets te vertellen, maar zijn afmetingen en het genoteerde nummer EH 757 op de plecht van de achterste waterdichte bak getuigen dat het een schippersboot is geweest. Zijn lengte over de spiegels zonder de stootklos komt op 3,76 m en zijn grootste breedte in het midden op 1,45 m. De diepte vanaf de zeeg tot de bodem is 60 cm. Hij is volledig elektrisch gelast.

De bouwwijze enerzijds en anderzijds zijn aanwezigheid op een foto van de reeds genoemde scheepshelling van Vink, waar hij te zien is midden tussen andere soortgenoten, laten weten waar hij vandaan komt. De andere omzoming aan de bovenzijde, de andere profielen voor de spanten en de platte plechten van de waterdichte bakken hoeven geen bewijzen te zijn dat hij ergens anders zou gemaakt zijn. Het model van de romp klopt met de oude, houten jollen van voor de ijzerbouw.

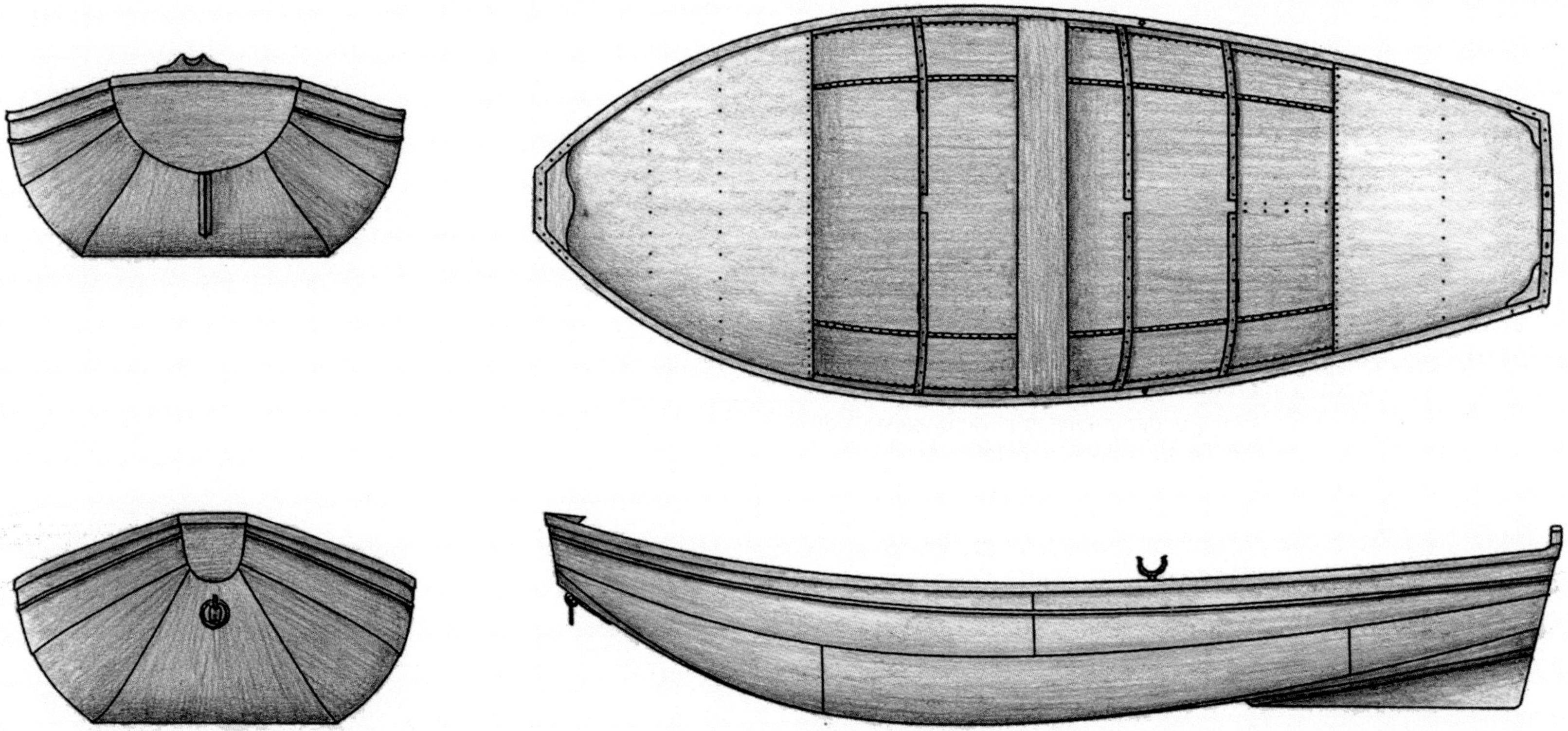

81. IJzeren vlet, Frans Thoen

Vanaf de omschakeling van hout naar ijzer in de bouw van binnenschepen tegen het einde van de 19e eeuw werden reeds pogingen ondernomen ook de kleine boten daarbij te betrekken. Bleef het in den beginne bij experimenten, na de Eerste Wereldoorlog nam de bouw van ijzeren schippersboten met rasse schreden toe en probeerden bekwame vaklui zich als zelfstandige botenbouwers te specialiseren in de massabouw van de nieuwe soort. Eerst imiteerden ze de oude en vertrouwde vormen zo goed als mogelijk, maar dra zochten ze naar nieuwigheden.

Wie in die tak heel vindingrijk is geweest, was zonder twijfel Frans Thoen, een inwoner van Boom. Op het einde van de jaren twintig van de vorige eeuw begon hij als zelfstandige, samen met zijn vrouw en later met de hulp van zijn drie zonen, de bootmakerij Thoen-De Maeyer. Het bedrijf was gelegen waar hij woonde, aan de Kerkhofstraat, een huis in de rij met het werkhuis in de tuin. Toen Frans dertig jaar later met pensioen ging, betekende dat meteen het einde van het bedrijf, want zijn zonen wilden de zaak niet voortzetten door een te sterke concurrentie van gelijkaardige ondernemingen in de omgeving, die hun boten aan een veel goedkopere prijs verkochten.

De schippersboten van Thoen onderscheidden zich van de andere door hun ambachtelijke afwerking en een duurdere prijs voor het basismateriaal. Hij gebruikte gegalvaniseerde staalplaat van 2 en 2,5 mm dik. Zijn boten wogen om en nabij 250 kg. Hij begon, zoals u op de prent kunt vaststellen, met de gekende rompvorm van de houten vlet, de boot met het minuscuul kleine spiegeltje vooraan, de grote platte spiegel achteraan, en het afgeronde kleine vlak. De afronding heeft hij echter vervangen door een plat vlak, maar gecompenseerd door de zijwanden boller te zetten. De afmetingen van de schippersboot op de prent zijn de volgende: lengte over de spiegels 3,72 m, grootste breedte 1,46 m en een diepte van 52 cm, een maat die hij later na beraadslaging met een van zijn klanten op zijn volgende modellen heeft laten groeien naar 58 en 59 cm. De boot is opgemeten op het binnenschip AN-RO in de haven van Gent.

Om de boorden aan het achtervlak en de kleine neus te bevestigen, werd de buitenste rand een drietal centimeter naar binnen omgeslagen. De bevestiging van alle onderdelen voerde hij uit met klinknagels. De klinknagels van de romp liggen 2,8 cm uit elkaar, de bolle kop van de nagels naar binnen gekeerd, zodat de huid aan de buitenzijde glad blijft. De nagels van de spanten liggen verder uit elkaar, die van de luchtkassen dichter. De zijwanden van zijn modellen bestaan uit twee brede gangen. De bovenste is omgord met een L-vormig profiel en op een korte afstand daarvandaan heeft hij een dunne, bolle lat aangebracht.

De ruimte tussen beide profielen is meestal wit geschilderd als kenmerk van het bedrijf. Vooraan heeft hij een ring geplaatst om te slepen en achter op de spiegel staat een massieve roeidol voor de wrikriem. De eigenaar, een bejaarde schipper, vertelde dat hij de boot gekocht heeft in het jaar 1955 voor de som van 7.000 frank.

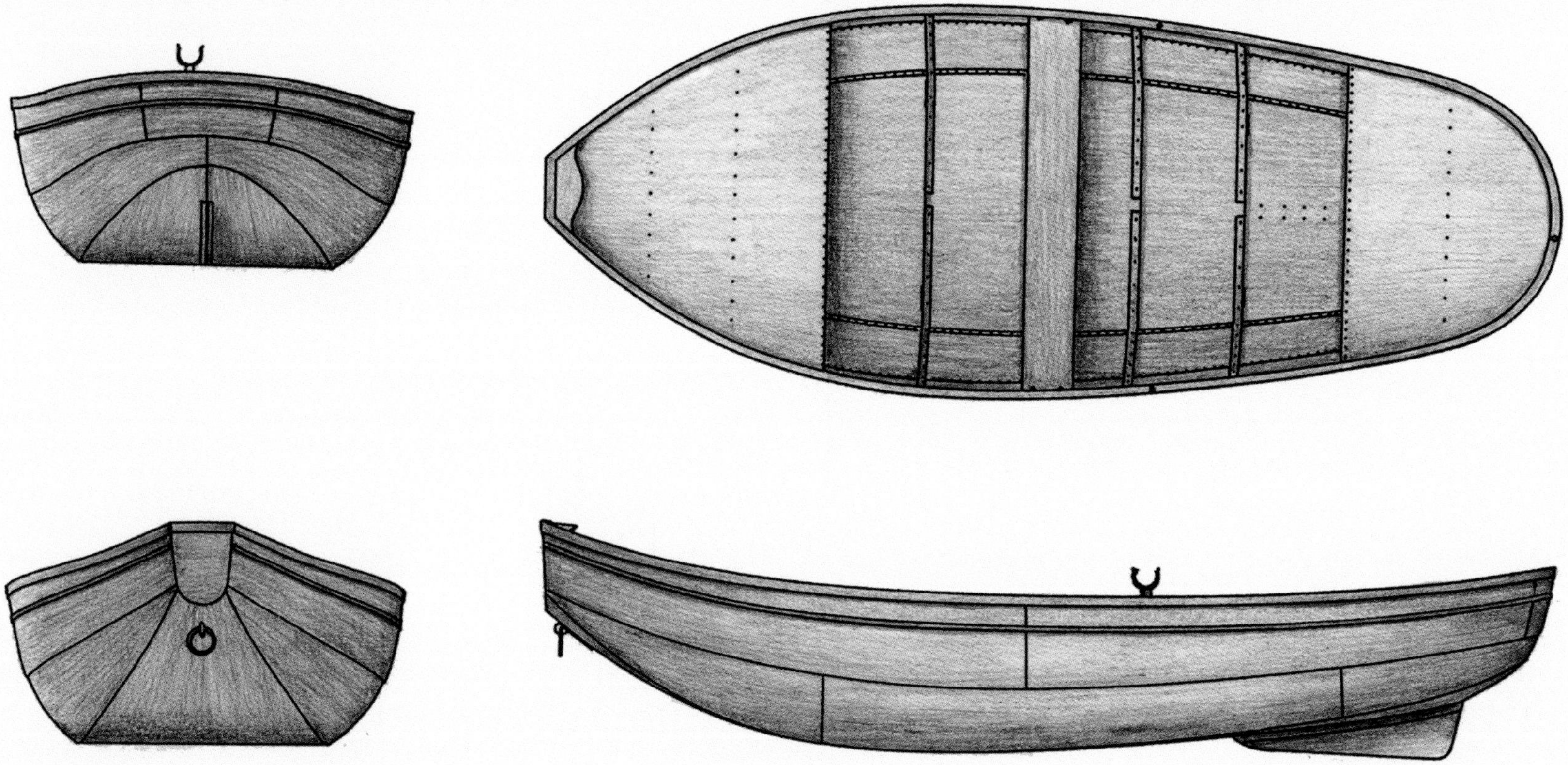

82. IJzeren vlet, rondgatter, Frans Thoen

Bij de volgende boot van Frans Thoen heeft de platte achterspiegel plaatsgemaakt voor een mooie afronding. Het komt op al zijn volgende modellen terug. Hij was blijkbaar op zoek naar een modernere lijn zonder daarom al het oude los te laten. Die tweeslachtigheid valt bij deze boot sterk op. Vlak en rond verenigen, lijkt geen goed huwelijk, maar de vondst is wel uitzonderlijk en is een blijvend kenmerk van zijn twee volgende modellen. Deze boot heeft een lengte van 3,73 m en een breedte van 1,45 m. Hij is bovendien verhoogd met een zestal centimeter. In plaats van de massief ijzeren dolpot is achteraan een pijpje geplaatst voor de as van een draaiende roeidol.

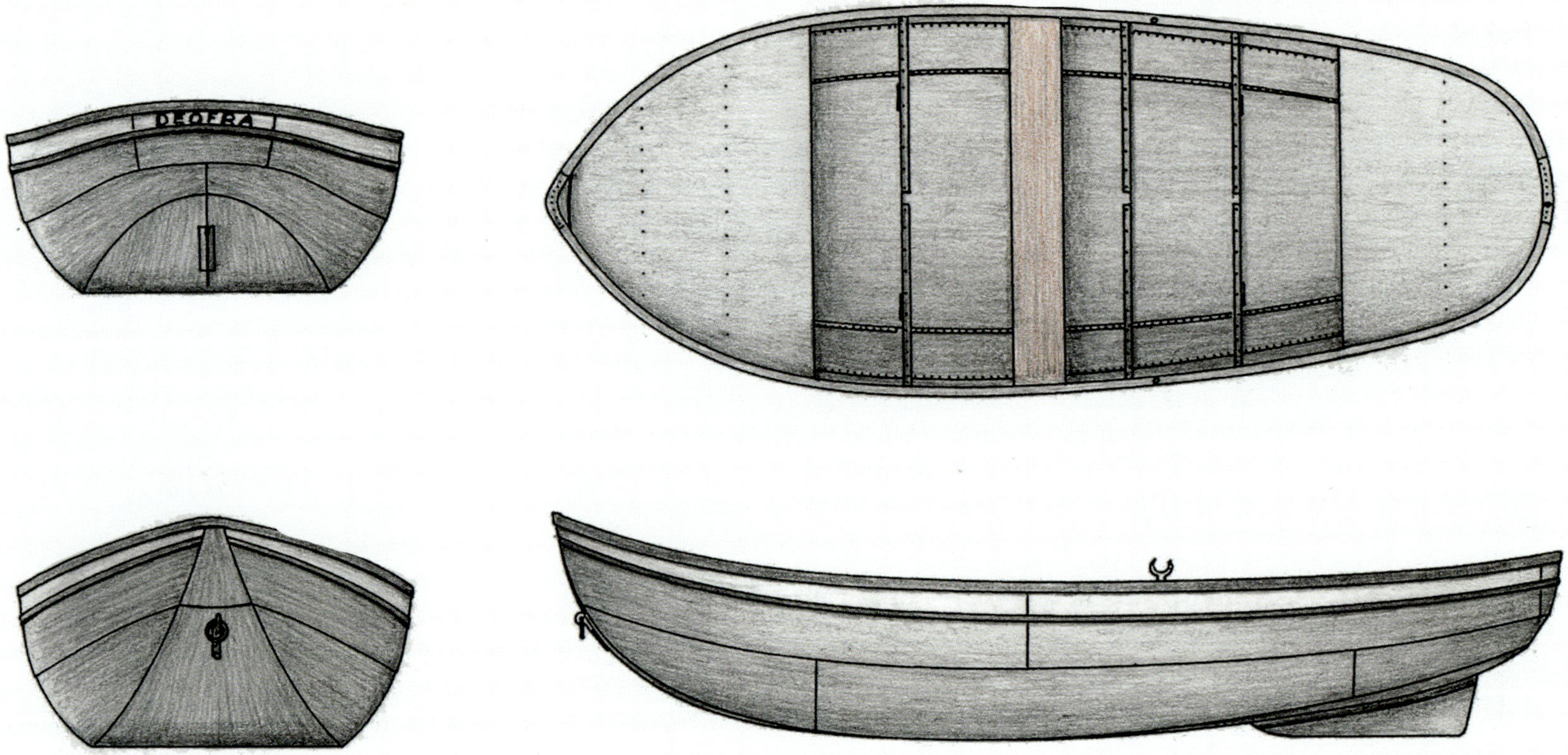
DEOFRA

83. IJzeren aakje, Frans Thoen

Deze schippersboot lag op het motorschip Deofra van schipper Fr. Van Hemelrijk, afgemeerd langs een kade in de haven van Gent. Hij is 3,67 m lang en 1,35 m breed. De aakvormige voorbouw is hier in harmonie met de ronde achterbouw. De overhang vooraan is kort en tamelijk vol en maakt een verlenging van de vlakplaat onontbeerlijk. Het bovenste topje is er afzonderlijk op gezet. Onder de naad bevindt zich het oog voor de ring van de sleeplijn.

Niettegenstaande schippers bezige mensen zijn, nam die man even tijd de superieure kwaliteiten van zijn boot te beschrijven. Hij zou hem voor geen geld kwijt willen. Binnen en buiten was hij muisgrijs geschilderd met een variatie van lichtgrijs boven de deksels van de luchtkassen en als versiering had hij voor het ijzeren beslag aan de bovenzijde van de romp zwart gekozen om het witte vlak ertussen te benadrukken. Als men de meerderheid van de aanwezige boten in de haven als maatstaf mag nemen, zou het wel eens de meest succesvolle van de reeks kunnen zijn.

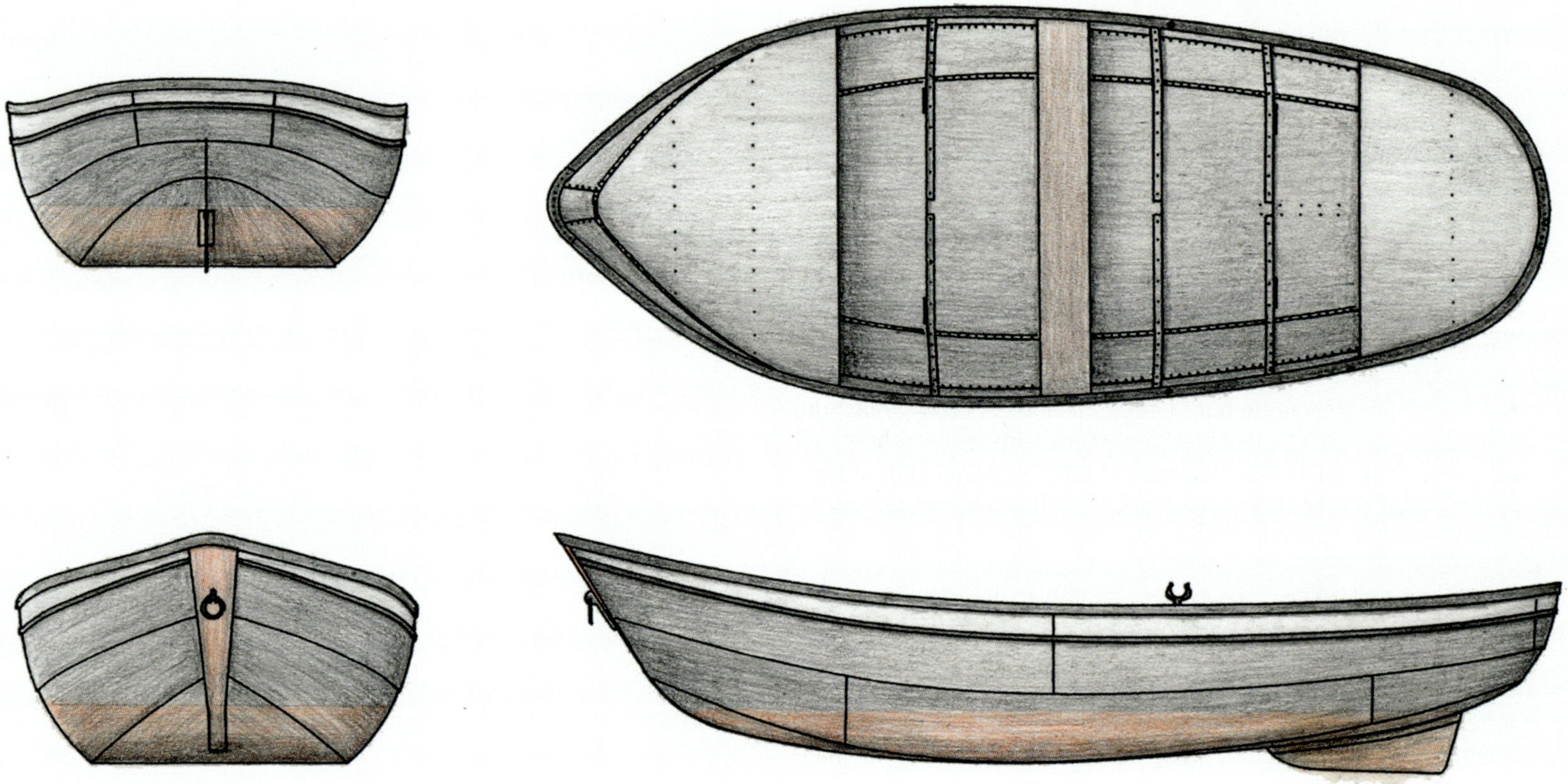

84. Schippersboot met plaatvoorsteven, Frans Thoen

Het vierde bootje van de reeks is zonder twijfel het paradepaardje uit zijn stal. De voorboeg is hier afgewerkt met een rechte, vallende en uitwaaierende plaatvoorsteven. De ingreep was echt eigentijds en zo bevredigend dat ervoor een patent werd aangevraagd om de idee te beschermen tegen namakers. Het heeft echter niet belet dat het toch werd gedaan. De opgemeten boot stond op de motorspits Zwerver van schipper F. Wauters. De lengte over alles bedraagt 3,65 m en de breedte 1,45 m.

De schipper liet hem tien centimeter korter maken dan de andere van hetzelfde type en daar had hij een welbepaalde reden voor. Hij had een vaste reisroute naar het Franse binnenland met zijn smalle kanalen en benepen sluizen. De ervaring had hem geleerd dat een te grote boot steeds voor problemen zorgde in bepaalde sluizen, vandaar zijn besluit hem korter te laten maken. Hij kocht hem in het jaar 1957 voor de prijs van 10.000 frank, dat is meer dan gewoonlijk, maar voor een aanpassing werd bijna overal een meerprijs aangerekend.

Wat het schilderen van de boot betreft, heeft ook deze eigenaar de puntjes op de i gezet. De witte band met zwarte strepen heeft hij gehandhaafd, evenals het grijs voor de romp, maar het onderwatergedeelte en de voorstevenplaat heeft hij behandeld met een rode, koperbevattende antifouling.

Enige jaren nadat Frans Thoen zijn bedrijf had stopgezet, kwam er weer vraag naar zijn laatste model. Eddy Vennekens een beginnende ondernemer te Boom, reageerde op de vraag en begon deze boot te bouwen op de wijze van Frans Thoen. Daar is hij vlug van afgestapt en heeft ze sedertdien gewoon gelast, zoals de andere botenmakers deden. Hij heeft er sedertdien nog een duizendtal van aan de man weten te brengen.

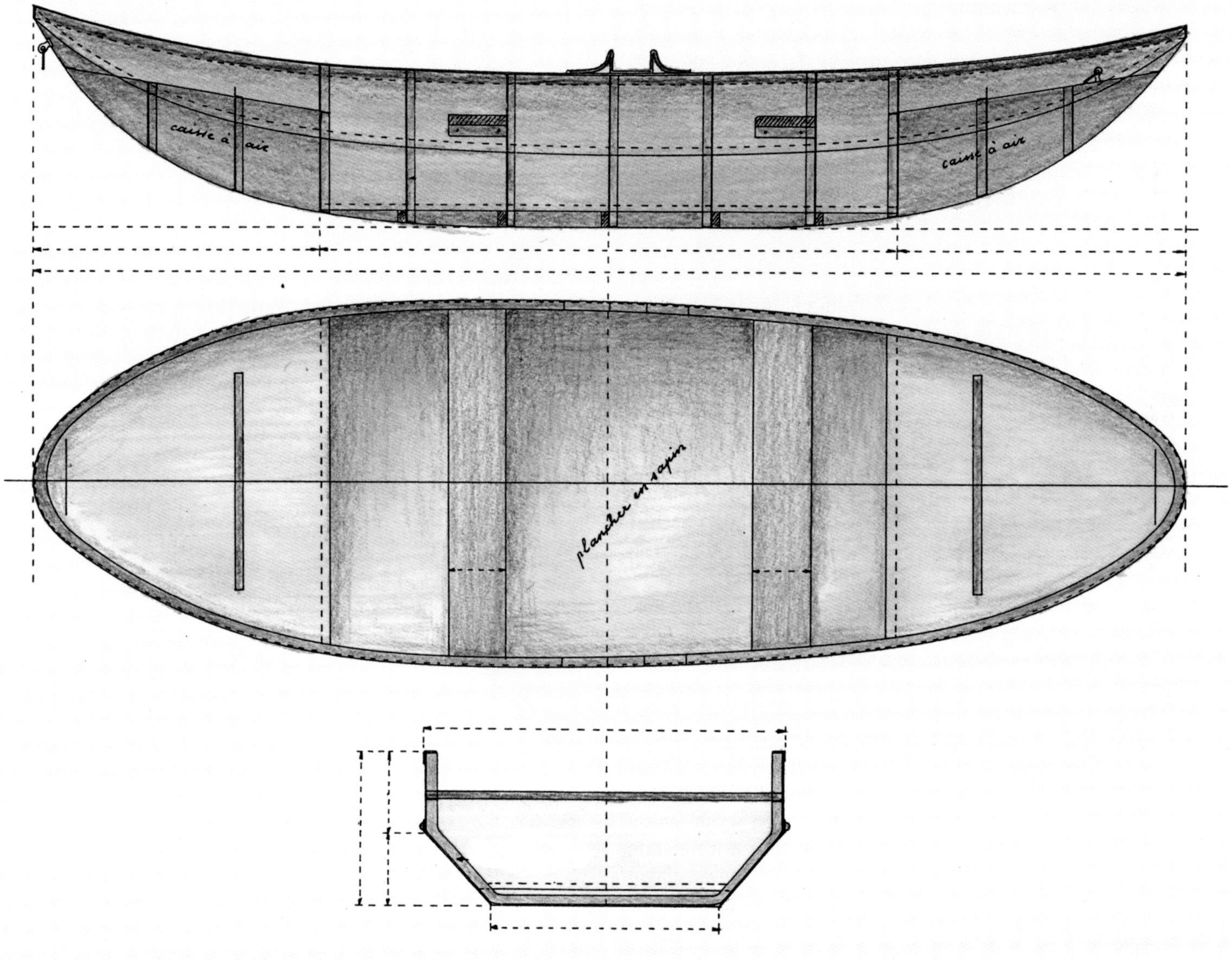
caisse à air
caisse à air
plancher en sapin

87. IJzeren vlieger, Ombret

In het industriële gedeelte van Wallonië langs de Maas werd eertijds gebruikgemaakt van houten vliegers die bestemd waren voor de binnenschepen die daar op de scheepswerven werden gebouwd. Op welke werven de houten vliegers toen werden gebouwd, is nu nog moeilijk te bepalen. Wat men wel weet, is dat na de omschakeling van hout- naar ijzerbouw de houten vlieger is gebruikt als model voor het maken van een ijzeren kopie.

In het archief van de scheepswerf Gaston Van Damme is een blauwdruk gevonden voor de bouw van een ijzeren schippersboot voor de slepers van Preudhomme. De tekening moet gemaakt zijn in 1919 op een scheepswerf te Ombret, wellicht de Chantiers Navals Jabon Frères. Ombret is een plaatsje op de rechteroever van de Maas in de nabijheid van Hoei. Heeft men de ijzeren vlieger te Ombret gebouwd of te Baasrode? Het is bekend dat de werf Van Damme goede betrekkingen onderhield met Waalse bedrijven en het scheepsplan kan een opdracht zijn voor de bouw van één of meerdere schippersboten van dezelfde soort te Baasrode, maar daarvan zijn geen gegevens gevonden.

Hoe het ook zij, deze boot is niet gemaakt naar een opmeting, maar volgens een plan. De vorm is heel eenvoudig, maar men moet de tekening wel weten te interpreteren. De vorm van de romp is alleen af te lezen op de doorsnede onderaan het blad. Een vormplan is mogelijk door de spantlijnen in het zijprofiel over te brengen naar een vormplan.

De zeeg is gematigd, de brede steilstaande boeisels staan loodrecht en de onderboorden vallen onder met een scherpe hoek naar het vlak. De romp heeft de vorm van een banaan, zoals het hoort. Men geeft het vlak een dikte van 2 mm, de onderboorden 3 mm en de boeisels 1,5 mm. Hij is verder uitgerust met twee sterk afwaterende luchtkassen en twee doften. De tekening geeft ook de aanwezigheid van een houten vloer aan. De hoofdafmetingen zijn wat de lengte betreft 4 m en de breedte 1,45 m. De naam van het type staat er niet bij, maar de lijnen van het model spreken voor zich.

L 9625 F
FIN
FIN
FIN

88. Franse schippersboot

De opgemeten stalen schippersboot heeft ruwweg zowat de vorm van een houten sloep. Bijzonder in het Antwerpse en Gentse havengebied waren ze te zien op Franse binnenschepen, samen naast elkaar afgemeerd, wachtend op een lading om niet leeg naar huis te moeten terugkeren. Van de boot bestonden verschillende versies, naargelang van waar hij vandaan kwam. Om hem voor te stellen werd gezocht naar de vorm die het meest vertegenwoordigd leek.

Hij werd gevonden in de haven van Antwerpen op de motorspits Fin van schipper De Buysere uit Duinkerken. Hij had een lelijke deuk aan bakboordzijde, maar op het achterdek, waar hij stond opgesteld, was er ruimte zat om hem op te meten. De schipper kocht zijn boot op een klein werfje, Chantier Despinoy genoemd, te Ramillies par Escaudœuvres aan de Schelde bij Kamerijk. Datum van aankoop en prijs kon hij zich niet meer herinneren. Vreemd toch hoeveel schippers overvloeien van enthousiasme als het over hun boot gaat en andere er koud en ongeïnteresseerd bij staan.

De opgemeten boot is over alles 3,85 m lang en 1,47 m breed. De romp bestaat uit vijf delen, de vlakplaat, de twee zijkanten, de spiegel en de stevenplaat. In het midden blijft de vlakplaat recht, maar vooraan en achteraan, waar het vlak oploopt, is een aangepast V-vormig stuk uitgesneden. Eenmaal het rechte middenstuk geplooid, de uitgesneden delen samengevoegd en gelast en de spanten in het midden aangebracht zijn, is de basis gereed voor de volgende stappen: het plaatsen van de zijwanden, voorsteven, spiegel, luchtkassen en alle andere versterkingen. Zelfs de doft is gemaakt van een reep staalplaat waarvan de randen zijn omgeplooid.

Het valt op hoe de toegepaste techniek verschilt van de onze. Misschien de reden waarom ze hier niet gewild waren. Voor de schildering van de zijboorden, de achterspiegel en het interieur werd lichtgrijs gekozen, voor het vlak met de voorsteven en de doft rood, terwijl de plechten het moesten stellen met wit.

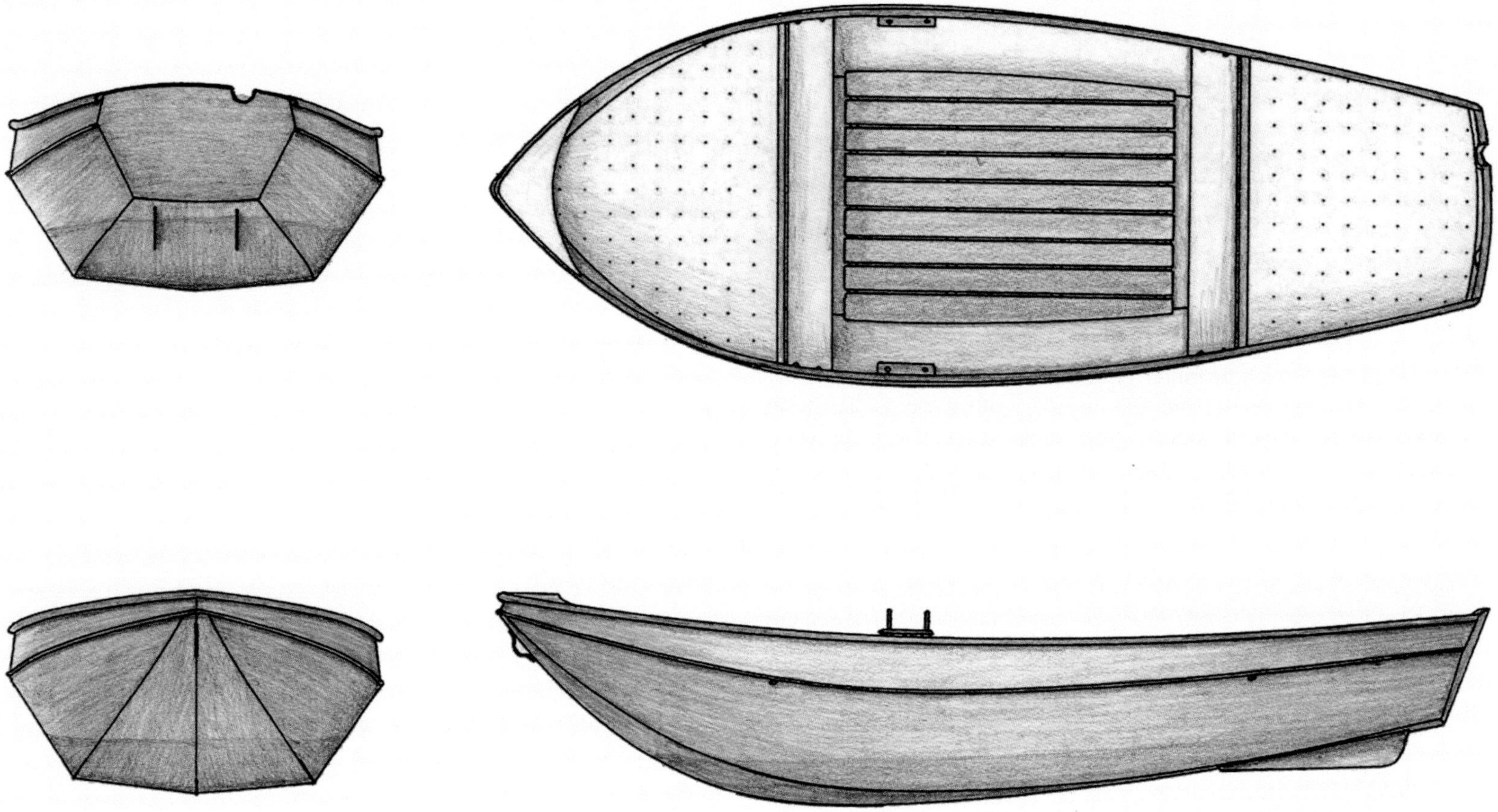

89. Hollandse boot, of beenhakker

De beenhakker is ontstaan op een klein bedrijfje te Kinderdijk. Woonhuis en atelier maakten deel uit van een rij huizen op de dijk aan de Lek en de achtertuin grensde aan een uitgestrekte onder water staande polder. Teun Beenhakker was eigenlijk een kachelsmid, maar hij maakte voor zichzelf en de buren wel eens een bootje om in de polder te vissen. Na de Tweede Wereldoorlog kwamen Zeeuwse vissers bij hem aankloppen voor een kleine boot en Teun maakte naam, want ook schippers vonden zijn deur. Zij verlangden vanzelfsprekend een schippersboot en dat lag even anders. Lengte, breedte en hoogte dienden te voldoen aan bepaalde eisen. Volgens de voorschiften van de rivierpolitie moest een schippersboot onzinkbaar zijn, dus voorzien van luchtkassen. Op aanraden van de schippers werd aan het platte vlak vanaf de buik een lichte V-vorm gegeven die naar voor toe in hevigheid groeide.

Rond de jaren vijftig had het bootje zijn kinderziekten achter de rug. Men kon hem niet aanstonds in een categorie onderbrengen. Ter plaatse noemde men het een vlet, de Nederlandse scouts die er hun opleidingsboot van maakten, heetten het een lelievlet en in de schipperswereld stond hij bekend als de beenhakker. In de beste jaren tussen 1960 en 1965 werkten acht arbeiders tien tot twaalf boten per week af.

Het model op de prent is een verbeterde versie en opgemeten in zijn werkhuis in het jaar 1984. Hij was bestemd voor een Duitse schipper die hem in het voorbijvaren zou oppikken. Teun was toen al een tijd met pensioen. Zijn zoon Jacob en diens schoolverlatende zoon hielden de zaak toen drijvend. De afmetingen zijn als volgt: volledige lengte 4,13 m en breedte 1,59 m.

De verbeteringen die intussen hebben plaatsgevonden, zijn duidelijk zichtbaar. De spiegel staat achteraan veel rechter opgesteld dan in de tijd van Teun en zorgt voor meer stabiliteit bij het opstappen. De scheg in het midden is vervangen door twee kleine vleugels, dus minder kwetsbaar en tegelijk gemakkelijk hem rechtop te laten staan. Hij gebruikte voor de romp staalplaten van 3 mm dik, een garantie voor een lang leven. Zoals overal in deze sector bestond voor elk onderdeel een mal. Het vlak is voorzien van korte wrangen waarop een losse vloer rust en de zijboorden zijn niet gesteund door oplangen, de plechten zijn afgewerkt met noppen tegen het uitglijden en in de voorzijde van de luchtkassen ontbreekt het mangat. Typische kenmerken die behouden bleven, zijn het neusplaatje vooraan en de naar binnen draaiende dolpoorten.

Na een heropbloei in 1985 is het bedrijf in december 1993 gestopt met de bouw van ijzeren schippersboten. De beenhakkers zijn tijdens hun bestaan duchtig nagebouwd.

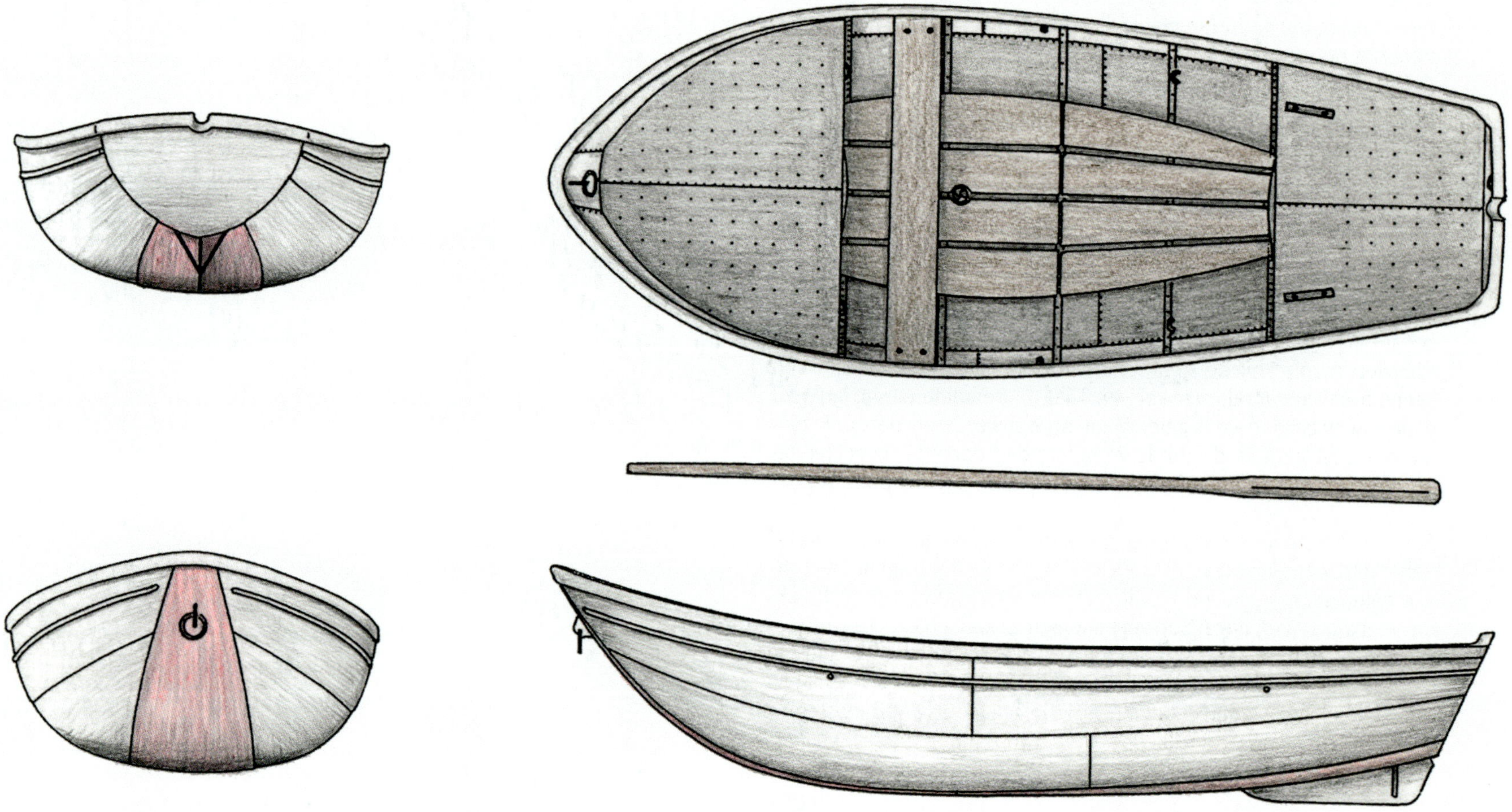

91. IJzeren vlet, Nederland

De vlet zoals ze oorspronkelijk in hout werd gebouwd met het kleine spiegeltje vooraan, heeft bij de aanvang van de ijzerbouw model gestaan voor verschillende stalen boten. Heel vlug is het spiegeltje echter verdwenen en liet men de bodemplaat doorlopen tot boven. De meer populaire stalen vlet die men nu nog aantreft op binnenschepen en havenwerktuigen, heeft geen voorspiegel meer. Grote stalen vletten verschenen voor het eerst op het einde van de 19e eeuw als motorvlet, uitgerust met een petroleummotor voor het vervoer van goederen, als sleepschip en reddingsboot. In de monding van de grote rivieren, waar het er soms ruw aan toe kan gaan, werd ze ervaren als buitengewoon zeewaardig. Later, in kleiner formaat, deed ze haar intrede in de wereld van de binnenschippers.

De vlet op de prent werd opgemeten op de motorspits Celesta van de Antwerpse schipper C. Van Cauwenberg in de haven van Gent. Lengte en breedte zijn als volgt: 3,77 m x 1,48 m. De schipper kocht zijn vlet in 1954 bij de gebroeders Willems te Beneden-Leeuwen, gelegen aan de Waal, niet ver van Tiel. Hij betaalde er 530 gulden voor, dat was toen veel geld. Maar de bouwer heeft dan ook zijn uiterste best gedaan de ronde vorm van de bodem te respecteren. Voor de rest werkte hij in dezelfde zin als Frans Thoen te Boom.

Alle boorden, het vlak inbegrepen, werden met de hand in de vorm gehamerd, een ambachtelijk werk van lange duur. Vervolgens werden alle delen samengevoegd met ijzeren klinknagels, nog een techniek die veel tijd en vakmanschap vereist en enkel kan uitgevoerd worden met twee personen. Ziedaar waarom dergelijke boten duurder uitvielen, maar de kwaliteit en de duurzaamheid stonden hier dan ook op de eerste plaats. Ondanks de aanwezigheid van openingen bestemd voor draaiende dolpotten lijkt de schipper voor zijn verplaatsingen de wrikriem te verkiezen.

De vlet was aan de buitenzijde geheel wit geschilderd, behalve de kielplaat die kreeg een rode kleur. En voor het binnenwerk werd lichtgrijs gekozen, een mooie combinatie. Het binnenwerk was uitgevoerd zoals bij alle andere schippersboten. In Beneden-Leeuwen waren nog twee andere zelfstandige vlettenbouwers werkzaam. In het begin van de jaren 1980 zijn de gebroeders Willems als laatste ermee gestopt.

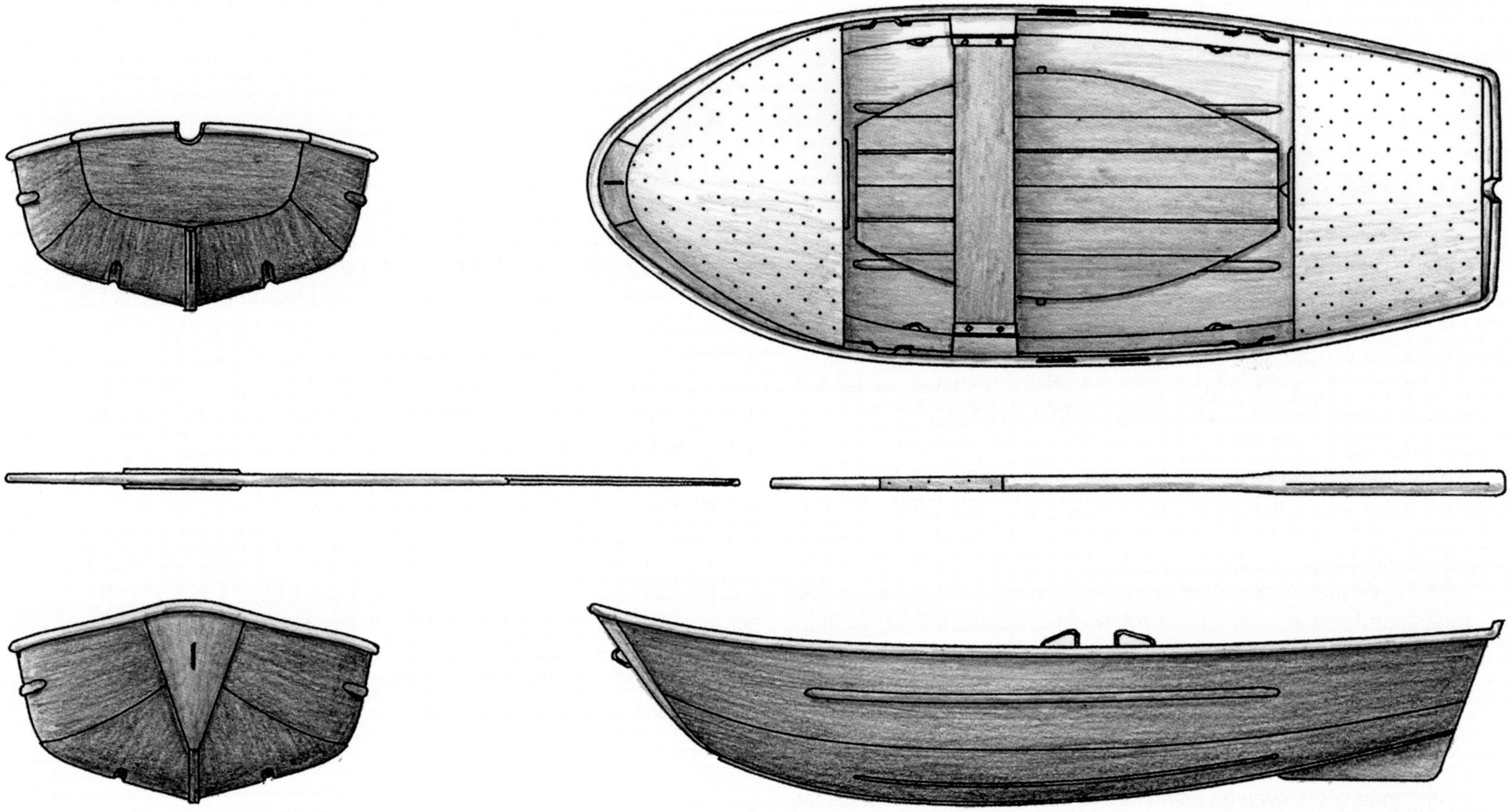

92. Schottel, Duitse schippersboot

In Oberspray am Rhein, niet ver van Koblenz, ligt de Schottelwerft Joseph Becker K.G., een groot constructiebedrijf dat nu vooral bekend staat voor zijn gespecialiseerde scheepsonderdelen zoals schroeven, boegschroeven en voortstuwingsapparatuur voor schepen, pontons, drijvende kranen en grote vaartuigen die gemakkelijk wendbaar moeten zijn en indien nodig op stroom en ongunstige weersomstandigheden ongeankerd op hun plaats moeten blijven liggen. Werk- en inspectieboten voor allerhande doeleinden, waaronder rivierpolitie en douane tot zelfs motorjachten toe, staan ook op het programma. Vroeger werden er ook ijzeren schippersboten gebouwd. Het is bijgevolg vanzelfsprekend dat de Schottelwerft zijn naam aan deze boot verbonden heeft.

Wat het type betreft, zou men het een sloep kunnen noemen. Zij verschilt in veel opzichten van haar soortgenoten en komt tevoorschijn als een massieve, moderne boot met een brede spiegel, ontworpen door de scheepsarchitect van de werf, maar in feite verloopt het bouwen zelf toch op gelijke manier als op de kleine bedrijven, zij het met de werktuigen die op een grote werf voorhanden zijn.

Nadat aan de hand van het plan alle onderdelen zijn uitgemald, worden die op de staalplaat uitgesneden en klaargemaakt voor verdere bewerking. Daar de bodemplaten en zijboorden in de nabijheid van de kim afgerond zijn en voorzien van een holle groef moeten ze vooraf in de juiste vorm worden gebracht. In de kleine bedrijfjes zou zoiets handwerk zijn. Op de Schottelwerft gebeurde dit met de hulp van een machtige pers die in één ruk het grote werk uitvoert. De sporen van dergelijke ingreep zijn trouwens duidelijk op het afgewerkte stuk weer te vinden. De holle groef in de bovenboorden dient voor de versteviging van de huid en wordt naar buiten gedrukt, die in het vlak naar binnen. Alle andere onderdelen zoals de achterspiegel, uitwaaierende voorsteven en luchtkassen, komen op dezelfde wijze tot stand. Zij wordt afgebouwd als een schip, op een centrale, stevige lat, de onderdelen in volgorde gezet en vast gelast. De houten doft hangt onder twee gelaste kappen, de voor- en achterplechten zijn voorzien van noppen en de deksels van de mangaten zijn cirkelvormig. Dat zijn zowat de voornaamste kenmerken van de Duitse schippersboot. De opgemeten afmetingen zijn als volgt: de lengtemaat over alles komt op 3,52 m en de breedte op 1,42 m. Ze waren echter te krijgen vanaf die maatlengte tot 5,50 m. Het opgemeten exemplaar had al een zekere leeftijd en behoort tot de eerste generatie. Op het motorschip Leieland, met thuishaven Gent, was hij tweedehands. De naam van het voorgaande schip stond vooraan aan de binnenzijde: M.S. Favorit samen met het kenmerk van de werf en het inschrijvingsnummer 5486.

Vaak is de boot zowel van binnen als van buiten behandeld met gasteer. Evenveel keren heeft de schipper zelf meer dan gewone aandacht aan zijn boot besteed en ziet men heel kleurrijke combinaties. Een veel toegepaste versiering is rood voor de stevenplaat, en soms voor het onderwaterschip en wit of zwart voor het boord. De buisvormige versterking bovenaan krijgt altijd een tegengestelde kleur. Voor de binnenzijde is meestal een lichte kleur gebruikt. De werf leverde vroeger alle bijbehorigheden als de riemen, het vierspan, de nodige touwen om af te meren, de vloer, enz. Op aanvraag kon de boot ook geheel vertind worden.

Omdat zij in grotere afmetingen verkrijgbaar was, werd ze ook gebruikt op schepen die zich buitengaats begaven zoals vissersschepen en kustvaarders. Zoals alle stalen werkboten situeerde het hoogtepunt van de productie zich tussen de zestiger en de zeventiger jaren van de vorige eeuw. Toen kon het aantal verkochte boten oplopen tot driehonderd per jaar. Midden de jaren tachtig was het aantal gedaald tot zestig. De schottel vond niet alleen afnemers in Duitsland maar eveneens in Nederland, België en Frankrijk.

Plaatsnamenregister

Persoonsnamenregister

Scheepsnamenregister

Colofon

Uitgegeven in opdracht van de deputatie van de provincie Oost-Vlaanderen

Beleidsverantwoordelijke: An Vervliet, gedeputeerde voor Erfgoed

Directie Erfgoed en Erfgoedsites: Anneke Lippens, directeur

Scheepswerven Baasrode: Peter Van Wichelen, conservator a.i.

Auteur: Maurice Kaak

Redactie: Ignace Van Driessche

Druk: Graphius, Oostakker

D/2022/15400/01

ISBN: 9789464597806